土木工程图学

白 静 编著

U0348496

同济大学出版社
TONGJI UNIVERSITY PRESS

内 容 提 要

　　本书是为适应高等院校应用型和创新型人才培养模式的需求而编写的,是大土木类各专业学习专业制图知识的教学用书。在编写过程中,本书内容的选择和组织以高等工科院校近几年教学改革的基本要求为依据。本书共 8 章:第 1 章介绍工程形体的表达方法;第 2 章介绍建筑施工图;第 3 章介绍结构施工图;第 4 章介绍给水排水工程图;第 5 章介绍道路工程图;第 6 章介绍桥隧涵工程图;第 7 章介绍标高投影;第 8 章介绍水利工程图。

　　本书在内容上兼顾了大土木类各专业的基本要求;在文字叙述方面,力求文理通顺,深入浅出,循序渐进,突出重点。对于重要的概念和较复杂的投影图,给出了直观图,以帮助读者进行空间想象。

　　本书可供高等院校工科专业的师生使用,也可供其他层次院校的师生和工程技术人员参考。

图书在版编目(CIP)数据

　　土木工程图学/白静编著. --上海:同济大学出版社,
2015.11
　　ISBN 978 - 7 - 5608 - 6012 - 1

　　Ⅰ.①土… Ⅱ.①白… Ⅲ.①土木工程—建筑制图—高等学校—教材　Ⅳ.①TU204

　　中国版本图书馆 CIP 数据核字(2015)第 224543 号

土木工程图学

编著　白　静

| 责任编辑 | 张崇豪 | 责任校对 | 张德胜 | 封面设计 | 陈益平 |

出版发行	同济大学出版社	www.tongjipress.com.cn
	(地址:上海市四平路1239号　邮编:200092　电话:021 - 65985622)	
经　销	全国各地新华书店	
印　刷	上海同济印刷厂有限公司	
开　本	787mm×1 092mm　1/16	
印　张	11	
印　数	2 501—3 600	
字　数	275 000	
版　次	2015 年 11 月第 1 版　　2018 年 7 月第 2 次印刷	
书　号	ISBN 978 - 7 - 5608 - 6012 - 1	
定　价	31.00 元	

本书若有印装质量问题,请向本社发行部调换　　版权所有　　侵权必究

前　言

本书根据高等工科院校近几年"土木工程制图"课程教学的基本要求，采用最新颁布的有关制图的国家标准和行业标准，结合普通高等院校应用型工科专业近年来对"土木工程图学"课程体系、课程内容的教学改革要求编写而成。

本书作为大土木类各专业用的制图教材是比较完整的一套教材，全书共8章。另配套有《土木工程图学习题集》同时出版。本书采用最新实际工程图，内容注重反映宽口径、厚基础、重素质的教育思想，体现知识、能力、素质协调发展，注重培养学生全面专业的工程技术能力。

本书适用于高等院校土木工程、工程管理、给水排水工程、道桥工程、测绘工程、建筑学、城市规划等专业不同层次的学生学习。不同专业有些章、节可根据需要有针对性地选用。

全书依据《房屋建筑制图统一标准》(GB/T 50001—2010)、《总图制图标注》(GB/T 50103—2010)、《建筑制图标准》(GB/T 50104—2010)、《建筑结构制图标准》(GB/T 50105—2010)、《道路工程制图标准》(GB/T 50162—1992)、《水电水利工程基础制图标准》(DL/T 5347—2006)等多种国家标准进行编写。不同专业在使用本书时，可根据需要查阅相关标准。

本书由白静编著，在编写过程中得到了章阳生、任宗义两位教授的大力支持与帮助，谨在此表达最诚挚的谢意！在编写过程中参考了较多相关的同类著作，特向有关作者致谢。

由于编者水平有限，书中难免有疏漏之处，恳请读者批评指正，以便今后改进。

编　者

2015 年 8 月

Contents 目 录

第1章

工程形体的表达方法

对于比较复杂的工程形体,只画出三视图,还不能完整和清楚地表达其形状和结构。为此,国家制图标准规定了多种表达方法。

1.1 视 图

物体向投影面投影所得到的图形称为视图,视图主要用于表达物体的外部结构和形状。视图的种类有基本视图、向视图、局部视图和斜视图。

1.1.1 基本视图

1. 基本视图的形成及名称

表达一个物体可有六个基本的投影方向,如1-1(a)所示。相应地,有六个基本投影平面

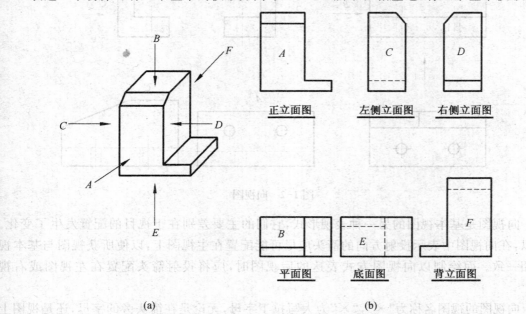

(a)   (b)

正立面图   左侧立面图   右侧立面图

平面图   底面图   背立面图

图1-1 基本视图

分别垂直于六个基本投影方向。物体在基本投影面上的投影称为基本视图。其中 A、B、C 三个方向的投影,就是正面投影、水平投影和侧面投影。

在土木工程图中,各方向的投影分别为:

A 向的投影(即从前向后投影)图称为正立面图;B 向的投影(即从上向下投影)图称为平面图;C 向的投影(即从左向右投影)图称为左侧立面图;D 向的投影(即从右向左投影)图称为右侧立面图;E 向的投影(即从下向上投影)图称为底面图;F 向的投影(即从后向前投影)图称为背立面图,如图 1-1(b)所示。

2. 视图布置

一般正立面图,应尽量反映出物体的主要特征。根据实际需要可再选用其他视图。对工程建筑物的描述不一定都要全部用三视图或六视图来表达,而应在完整清晰地表达物体特征的前提下,使视图数量最少,力求作图简便。

在同一张图纸上,如绘制几个图样时,图样的顺序,宜按主次关系从左至右依次排列。每个图样,一般均应标注图名,图名宜标注在图样的下方或一侧,并在图名下绘一粗横线,其长度应以图名所占长度为准,如图 1-1 所示。

1.1.2 向视图

向视图是可以自由配置的视图。

向视图必须标注,标注方法为在向视图的上方用大写拉丁字母标注"×",在相应视图的附近用箭头指明投射方向,并标注相同的字母,如图 1-2 所示。

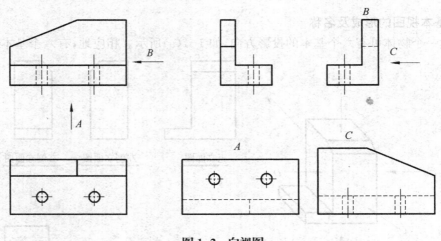

图 1-2 向视图

向视图是基本视图的另一种表现形式,它们的主要差别在于视目的配置发生了变化。所以,在向视图中表示投射方向的箭头应尽可能配置在主视图上,以使所获视图与基本视图相一致。而绘制以向视图方式表达的后视图时,应将投射箭头配置在左视图或右视图上。

向视图的视图名称为"×","×"为大写拉丁字母,无论是在箭头旁的字母,还是视图上方的字母,均应与读图方向相一致,以便于识别。

1.1.3 局部视图

将物体的某一部分向基本投影面投影所得到的视图称为局部视图。当物体在平行于某基本投影面的方向上仅有某局部结构形状需要表达,而又没有必要画出其完整的基本视图时,可将物体的局部结构形状向基本投影面投射,得到其局部视图,如图 1-3 所示。

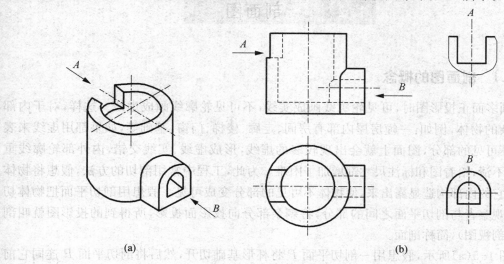

(a)   (b)

图 1-3 局部视图

局部视图是基本视图的一部分,它必须依附于一个基本视图,不能独立存在。局部视图的断裂边界应以波浪线或双折线表示。当表示的局部结构外形轮廓线呈完整封闭图形时,波浪线可省略不画。

1.1.4 斜视图

斜视图是物体向不平行于基本投影面的平面投射所得的视图,如图 1-4 所示。

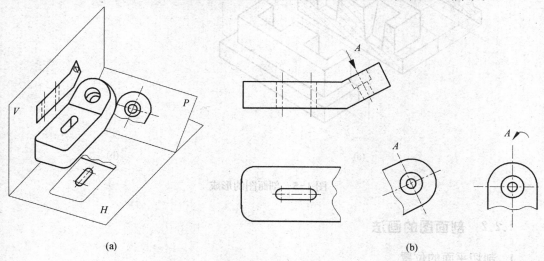

(a)   (b)

图 1-4 斜视图

斜视图通常按向视图的配置形式配置。允许将斜视图旋转配置，但需在斜视图上方注明旋转符号，表示名称的大写拉丁字母应注写在箭头端。斜视图一般表达局部结构，视图断裂处的边界线应画波浪线。

1.2　　剖面图

1.2.1　剖面图的概念

在画多面正投影图时，可见轮廓线画成实线，不可见轮廓线画成虚线。这样，对于内部结构复杂的物体，例如：一幢房屋内部有房间、走廊、楼梯、门窗、基础等，如果都用虚线来表示这些不可见的部分，图面上就会出现较多的虚线，形成虚线、实线交错，内外部轮廓线重叠，混淆不清，给看图和标注尺寸都增加了困难。为此，工程中常用剖切的方法，假想将物体剖开，让它的内部构造显露出来，使物体不可见的部分变成可见。假想用剖切平面把物体切开，移走观察者与剖切平面之间的部分，将剩余部分向投影面投影，所得到的投影图就叫剖面图（或剖视图），简称剖面。

如图 1-5(a) 所示，假想用一剖切平面 P 将杯形基础切开，然后将剖切平面 P 连同它前面的部分移走，将剩余部分向 V 投影面上投影，所得到的投影图，即为杯形基础的剖面图，如图 1-5(b) 所示。

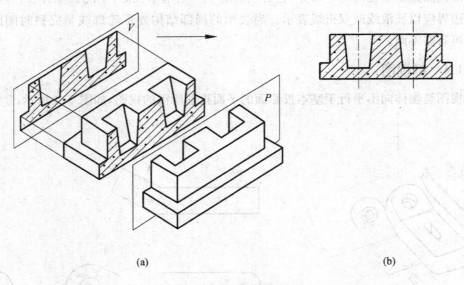

(a)　　　　　　　　　　　　　　　　(b)

图 1-5　剖面图的形成

1.2.2　剖面图的画法

1. 剖切平面的位置

剖切平面的位置可按需要选取。一般都使剖切平面平行于基本投影面，从而使截面的投影反映实形。同时,要使剖切平面尽量通过孔、洞、槽等隐蔽部分的中心线,将内部形状尽量表达清楚。在物体有对称平面时,一般选在对称中心平面处,如图1-5(a)所示。

2. 剖面剖切符号和剖面图名称

剖面图的剖切符号由剖切位置线和投射方向线组成,且均用粗实线绘制。剖切位置线的长度,宜为6~10 mm;投射方向线应垂直于剖切位置线,长度应短于剖切位置线,宜为4~6 mm,如图1-6所示。绘制时,剖面剖切符号不宜与图面上的图线相接触。

剖面剖切符号的编号宜采用阿拉伯数字,按顺序由左至右、由下至上连续编排,并应注写在投射方向线的端部,如图1-6所示。

需要转折的剖切位置线,在转折处如与其他图线发生混淆,应在转角的外侧加注该符号相同的编号,如图1-6所示。

剖面图的名称用相应的编号标注在相应的剖面图的下方,如图1-7所示。

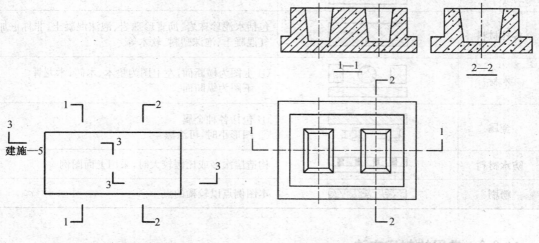

图1-6　剖面剖切符号　　　　　　　图1-7　杯形基础的剖面图

必须注意,由于剖切是假想的,所以只在画剖面图时,才假想将物体切去一部分,其他投影仍应按物体的完整形状画出。同一物体当需要几个剖面图来表示时,可进行几次剖切,且互不影响。在每一次剖切前,都应按整个物体考虑,如图1-7所示。

3. 材料图例

为使图样层次分明,在剖切面与物体接触的部分(即断面),按国标的规定画出相应的材料图例,以区分断面(剖到的)和非断面(看到的)部分。常用的建筑材料图例见表1-1,图例中的斜线一律画成与水平成45°的细实线,且应间隔均匀,疏密适度。

表1-1　　　　　　　　　　　　　　　常用建筑材料图例

自然土壤		包括各种自然土壤
夯实土壤		
砂、灰土		靠近轮廓线点较密的点

续 表

毛石	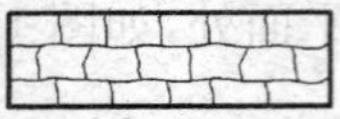	
饰面砖		包括铺地砖、马赛克、陶瓷锦砖、人造大理石
普通砖	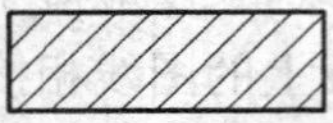	① 包括砌体、砌块 ② 断面较窄,不易画出图例线时,可涂红
混凝土		① 本图例仅适用于能承重的混凝土及钢筋混凝土 ② 包括各种标号、骨料、添加剂的混凝土 ③ 在剖面图上画出钢筋时,不画图例线 ④ 断面较窄,不易画出图例线时,可涂黑
钢筋混凝土		
焦渣、矿渣	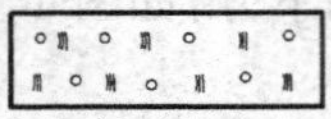	包括与水泥、石灰等混合而成的材料
多孔材料		包括水泥珍珠岩、沥青珍珠岩、泡沫混凝土、非称重加气混凝土、泡沫塑料、软木等
木材		① 上图为横断面,左上图为垫木、木砖、木龙骨 ② 下图为纵断面
金属	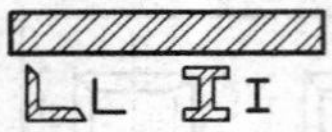	① 包括各种金属 ② 图形小时,可涂黑
防水材料		构造层次多或比例较大时,采用上面图例
粉刷		本图例点以较稀的点

1.2.3 常用的剖切方法

在工程建设中,剖面图是被广泛应用的图样。由于房屋建筑、土建构筑物及其构配件形状多样,有时内部结构比较复杂,针对建筑形体的不同特点和要求,绘制剖面图时常用下列几种剖切方法。

1. 全剖面

用一个剖切平面剖切,这是一种最简单、最常用的剖切方法。适用于用一个剖切平面剖切后,就能把内部形状表达清楚的物体。假想用一个剖切平面将物体全部剖切开,画出的剖面图称为全剖面。如图 1-7 所示的 1—1 和 2—2 剖面图,均为全剖面图。

如图 1-8(a)所示是圆锥形薄壳基础的投影图,图 1-8(b)是它的全剖面图。

2. 半剖面

对于有些对称物体,而外形又比较复杂时,可以画出由半个外形正投影图和半个剖面图拼成的图形,以同时表达物体的外形和内部构造,这种剖面图称为半剖面。图 1-8(c)是圆锥形薄壳基础的半剖面图。半剖面图可以理解为形体被剖去四分之一后所作出的投影图,如图 1-8(d)所示。

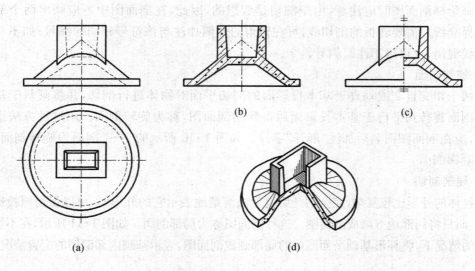

(a)   (b)   (c)   (d)

图 1-8 半剖面

3. 阶梯剖面

用两个或两个以上互相平行的剖切平面剖切。当用一个剖切平面剖切不能将物体的内部构造表达清楚,而该物体又并不很复杂、无需两个或多个单一剖面图时,假想把剖切平面作适当转折,即把两个或多个需要的平行剖切平面联系起来,成为阶梯状,然后画出剖面图,如图 1-9 所示。这种剖面图称为阶梯剖面。

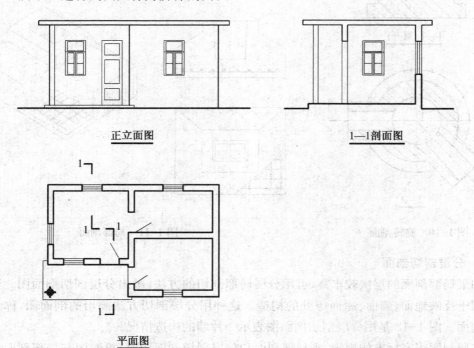

正立面图   1—1剖面图

平面图

图 1-9 阶梯剖面

在画阶梯剖面图时应注意,由于剖切是假想的,因此,在剖面图中不应画出两个剖切平面的分界交线。需要转折的剖切线,可在转角的外侧加注与该符号相同的编号;如不与图中其他图线混淆,也可以不注写编号数字。

4. 旋转剖面

用两个相交且交线垂直于基本投影面的剖切平面对物体进行剖切,并将倾斜于基本投影面的剖面旋转到平行于基本投影面后得到的剖面图,称为旋转剖面。用这种方法绘制的剖面图,应在剖面图图名后加注"展开"字样。如图1-10所示的1—1剖面为旋转剖面,2—2剖面为阶梯剖面。

5. 局剖剖切

当物体的外形比较复杂,完全剖开后就无法清楚地表示它的外形时,可以保留原投影图的大部分,而只将局部地方画成剖面图。这种剖面图称为局部剖面。如图1-11所示,在不影响外形表达的情况下,将杯形基础平面图中的局部画成剖面图,表示基础内部钢筋的配置情况。

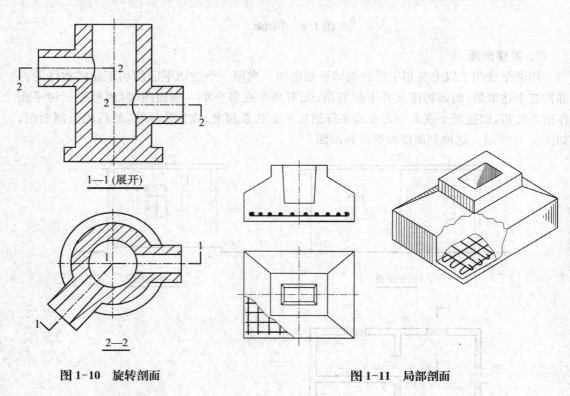

图1-10 旋转剖面　　　　　　　　　图1-11 局部剖面

6. 分层剖切剖面

如果局部剖面的层次较丰富,可用分层局部剖切的方法,画出分层剖切剖面图。这种方法多用于反映地面、墙面、屋面等处的构造。这种用分层剖切方法画出的剖面图,称为分层剖切剖面。图1-12是用分层剖切剖面图表示一片墙的构造情况。

按照制图国家标准的规定,画局部剖面和分层剖切剖面图时,投影图与局部剖面以及分层剖面之间,要用徒手画的波浪线分界,且波浪线既不能超出轮廓线,也不能与图上其他线条重合。

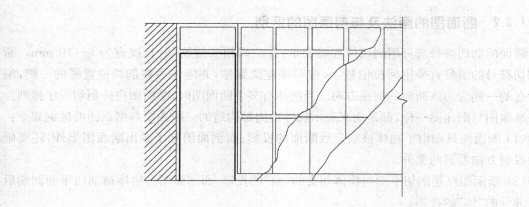

图 1-12　分层剖切剖面

1.3　断面图

1.3.1　断面图的概念

用假想的剖切平面将物体剖切开,仅画出该剖切平面与物体接触部分的图形,即称为断面图,简称断面,如图 1-13 所示。

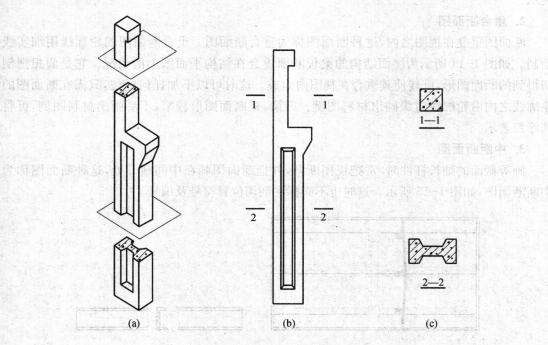

（a）　　　　　　　　　　（b）　　　　　　　　　　（c）

图 1-13　断面图的形成

1.3.2 断面图的画法及与剖面图的区别

断面的剖切符号应只用剖切位置线表示,并应以粗实线绘制,长度宜为 6～10 mm。断面剖切符号的编号宜采用阿拉伯数字,按顺序连续编排,并应注写在剖切位置线的一侧,编号所在的一侧应为该断面的剖视方向。当物体有多个断面图时,断面图应按剖切顺序排列。

断面图与剖面图一样,都是用来表示物体的内部构造的。断面图与剖面图的区别如下:

(1)断面图只画出了物体被剖开后断面的投影;而剖面图除了画出断面图形外,还要画出沿投射方向看到的部分。

(2)断面图仅是剖切平面与物体相交的"面"的投影,而剖面图是物体被剖切平面剖切后剩下部分的"体"的投影。

(3)断面图与剖面图剖切符号的标注不同,断面图的剖切符号只画出剖切位置线,不画剖视方向线,而剖面图的剖切符号剖切位置线和剖视方向线均应画出。

(4)断面图中的剖切平面不能转折,而剖面图中的剖切平面可以转折。

1.3.3 断面图的几种表达方法

根据断面图在视图中的位置,可分为移出断面图、重合断面图和中断断面图三种。

1. 移出断面图

断面图画在视图以外,这种断面图称为移出断面图。如图 1-13 所示的 1—1 断面和 2—2 断面。移出断面的轮廓线应用粗实线画出。断面部分,按国标规定用该物体的材料图例表示。

2. 重合断面图

断面图重叠在视图之内,这种断面图称为重合断面图。重合断面图的轮廓线用细实线绘制。如图 1-14 所示为屋面结构的梁板断面重合在结构平面图上的情况。它是假想把剖切得到的断面图形,旋转使其重合在视图内而成。这时可以不加任何标注,只需在断面图的轮廓线之内沿轮廓线边缘画出材料图例。因梁、板断面图形较窄,不易画出材料图例,可将其涂黑表示。

3. 中断断面图

画等截面的细长杆件时,常把视图断开,并把断面图画在中间断开处,这种断面图称为中断断面图,如图 1-15 所示。这时也不必标注剖切位置符号及编号。

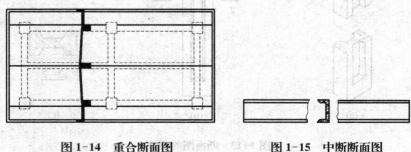

图 1-14　重合断面图　　　　图 1-15　中断断面图

1.4　简化画法

为了减少绘图的工作量,按国标规定可以采用下列的简化画法。

1.4.1　对称物体的简化画法

如果物体具有对称图形,可只画该图形的一半或四分之一,并画出对称符号(图1-16),如图1-17所示。也可稍超出图形的对称线,此时不宜画对称符号,如图1-18所示。

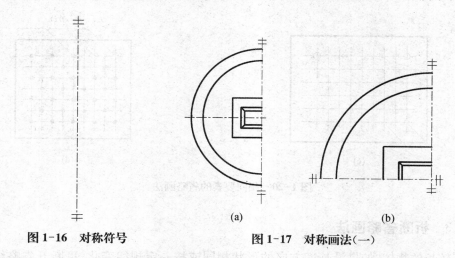

(a)　　　　　　　　(b)

图 1-16　对称符号　　　　图 1-17　对称画法(一)

对称符号是用细实线绘制的两条平行线,其长度 6~10 mm,平行线间距 2~3 mm,画在对称线的两端,且平行线在对称线两侧的长度相等。

对称的物体需要画剖面图时,也可以用对称符号为界,一半画外形图,另一半画剖面图。这时需要加对称符号,如图 1-19 所示。

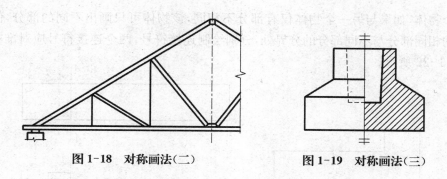

图 1-18　对称画法(二)　　　　图 1-19　对称画法(三)

1.4.2　相同要素的省略画法

如果物体上具有多个完全相同而且连续排列的构造要素,可仅在两端或适当位置画出其完整形状,其余部分以中心线或中心线交点表示,如图1-20(a),(b),(c)所示。如果相同构造要素少于中心线交点,则其余部分应在相同构造要素位置的中心线交点处用小圆点表示,如图 1-20(d)所示。

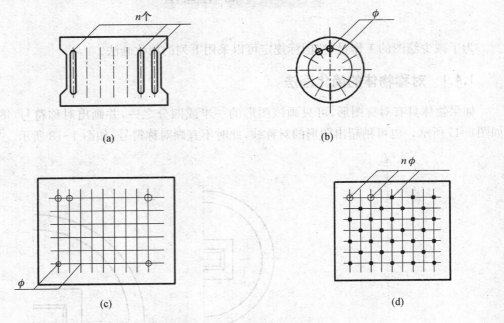

(a)   (b)

(c)   (d)

图 1-20　相同要素的省略画法

1.4.3　折断省略画法

对于较长的物体,如果沿长度方向的形状相同或按一定规律变化,可断开省略绘制,只画物体的两端,而将中间折断部分省略不画。在断开处应以折断线表示。其尺寸应按折断前原长度标注,如图 1-21 所示。

1.4.4　局部省略画法

一个物体,如果与另一个物体仅有部分不相同,该物体可只画出不同的部分,但应在两个物体的相同部分与不同部分的分界处,分别绘制连接符号,两个连接符号应对准在同一线上,如图 1-22 所示。

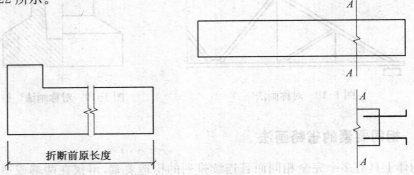

折断前原长度

图 1-21　折断省略画法　　　图 1-22　构件局部不同省略画法

第2章 建筑施工图

2.1 概 述

2.1.1 房屋的分类及组成

建筑物按其使用功能,通常分为工业建筑、农业建筑、民用建筑。其中,民用建筑根据建筑物的使用功能又分为居住建筑和公共建筑。居住建筑是指供人们生活起居用的建筑物,如住宅、宿舍、公寓、旅馆等。公共建筑是指供人们进行各项社会活动的建筑物,如商场、学校、医院、办公楼、汽车站、影剧院等。

建筑物按建筑规模和数量可分为大量性建筑和大型性建筑。大量性建筑指建造数量较多、相似性大的建筑,如住宅、宿舍、商店、医院、学校等。大型性建筑指建造数量较少但单幢建筑体量大的建筑,如大型体育馆、影剧院、航空站、火车站等。

各种不同的建筑物尽管它们的使用要求、空间组合、外形处理、结构形式、构造方式及规模大小等方面有各自的特点,但其基本构造是相似的,如图 2-1 所示。一般由基础、墙或柱、楼板、地面、楼梯、屋顶、门窗等部分以及其他配件和设施,如通风道、垃圾道、阳台、雨篷、雨水管、勒脚、散水、明沟等组成。

2.1.2 建筑图的分类

房屋施工图按专业不同可分为建筑施工图(简称建施)、结构施工图(简称结施)、设备施工图(简称设施)。

1. 建筑施工图

主要表达房屋建筑群体的总体布局房屋的外部造型、内部布置、固定设施、构造做法和所用材料等内容。基本图纸包括首页(图纸目录、设计总说明、门窗表、材料表等)、总平面图、建筑平面图、建筑立面图、建筑剖面图、建筑详图等。本章就是介绍这些图样的读法和画法。

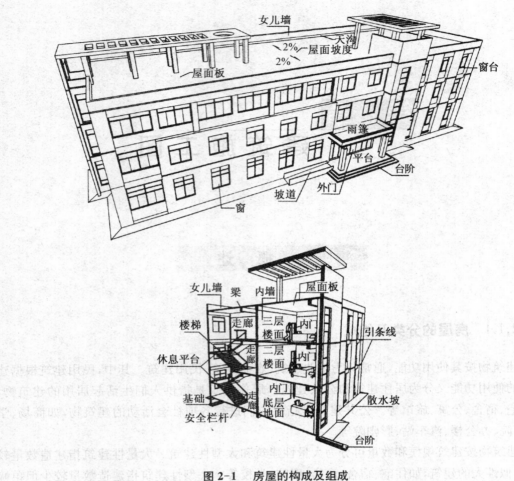

图 2-1　房屋的构成及组成

2. 结构施工图

主要表达房屋承重构件的布置、类型、规格及其所用材料,配筋形式和施工要求等内容。基本图纸包括结构设计说明书、基础施工图、结构平面图和各构件的结构详图等。

3. 设备施工图

主要表达室内给排水、采暖通风、电气照明等设备的布置、安装要求和线路铺设等内容。图纸包括给排水、暖通、电气等设施的平面布置图、系统图、构造和安装详图等。

2.1.3　建筑施工图的图示特点

1. 采用正投影的方法

施工图中的各图样,主要是用正投影法绘制的。当图幅内不能同时排列建筑物的平面图、立面图和剖面图时,可以将它们单独画出。

2. 选用适当的比列

建筑物的形体较大,所以施工图一般都是用较小比例绘制。为了反映建筑物的细部构造及具体做法,常配以较大比列的详图,并用文字加以说明。

3. 采用国标中的有关规定和图例

由于建筑物的构、配件和材料种类较多,为作图简便起见,常用国际中的有关规定和图例来表示。

4. 选用不同的线型和线宽

施工图中的线条采用不同的形式和粗以适应不同的用途,表示建筑物轮廓线的主次关系,从而使图面清晰、分明。

2.1.4 建筑施工图中的有关规定

为了使建筑施工图做到基本统一,清晰简明,满足设计、施工、存档的要求,以适应工程建筑的需要,我国制定了《房屋建筑制图统一标准》(GB/T 50001—2010)、《建筑制图标准》(GB/T 50104—2010)、《总图制图标准》(GB/T 50103—2010)等国家标准。在绘制房屋建筑施工图时,必须严格遵守国家标准中的有关规定。

1. 图线(表 2-1)

表 2-1   建筑施工图中图线的选用

名称	线宽	用途
粗实线	b	① 平、剖面图中被剖切的主要建筑构造(包括构配件)的轮廓线 ② 建筑立面图或室内立面图的外轮廓线 ③ 建筑构造详图被剖切的主要部分的轮廓线 ④ 建筑构配件详图中构配件的外轮廓线 ⑤ 平、立、剖面图的剖切符号
中实线	$0.5b$	① 平、剖面图中被剖切的次要建筑构造(包括构配件)的轮廓线 ② 建筑平、立、剖面图中建筑构配件的轮廓线 ③ 建筑构造详图中被剖切的次要部分的轮廓线 ④ 建筑构造详图及建筑构配件详图的一般轮廓线
细实线	$0.25b$	小于 $0.5b$ 的图形线、尺寸线、尺寸界线、图例线、索引符号、标高符号、详图材料做法引出线等
中虚线	$0.5b$	① 建筑构造详图及建筑构配件不可见的轮廓线 ② 平面图中的起重机(吊车)轮廓线 ③ 拟扩建的建筑物的轮廓线
细虚线	$0.25b$	图例线、小于 $0.5b$ 的不可见轮廓线
粗单点长画线	b	起重机(吊车)轨道线
细单点长画线	$0.25b$	中心线、对称线、定位轴线
折断线	$0.25b$	不需画全的断开界线
波浪线	$0.25b$	不需画全的断开界线、构造层次的断开界线

2. 定位轴线

在施工图中通常用定位轴线确定房屋的承重墙、柱子等承重构件的位置,它是施工放线的主要依据。

定位轴线应用细点画线绘制。定位轴线一般应编号,编号应注写在轴线端部的圆圈内。

圆圈用细实线绘制,直径一般为 8 mm,详图上可增为 10 mm。圆圈的圆心,应在定位轴线的延长线上或延长线的折线上。

平面图上定位轴线的编号宜标注在图样的下方与左侧。横向编号应用阿拉伯数字,从左至右顺序编写;竖向编号应用大写拉丁字母,从上至下顺序编写,如图 2-2 所示。

拉丁字母中的 I,O,Z 不得用为轴线编号,以免与数字 1,0,2 混淆。如字母数量不够使用,可增用双字母或单字母加数字注脚,如 AA,BB 或 A_1,B_1 等。定位轴线也可采用分区编号,编号的注写形式应为分区号-该区轴线号。

对于一些次要构件的定位轴线一般作为附加轴线,编号可用分数表示。分母表示前一轴线的编号,分子表示附加轴线的编号,编号宜用阿拉伯数字顺序编写,如图 2-3 所示。

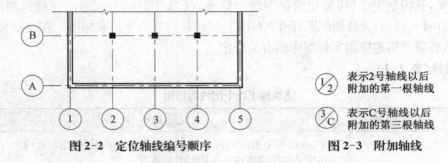

图 2-2 定位轴线编号顺序   图 2-3 附加轴线

一个详图适用几根定位轴线时,应同时注明各有关轴线的编号,如图 2-4 所示。通用详图的定位轴线应只画圆,不注写轴线编号。

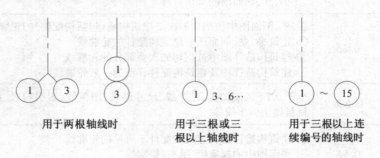

用于两根轴线时   用于三根或三根以上轴线时   用于三根以上连续编号的轴线时

图 2-4 详图的轴线编号

3. 标高符号

标高是标注建筑物高度的一种尺寸形式。

标高有绝对标高和相对标高两种。

绝对标高:我国把青岛附近黄海海平面的平均高度定为绝对标高的零点,其他各地标高都是以它为基准测量而得的。总平面图中所标注标高为绝对标高。

相对标高:在建筑物的施工图上要注明许多标高,如果全用绝对标高,不但数字繁琐,而且不容易得出各部分的高差。因此,除总平面图外,一般都采用相对标高,即将房屋底层室内地坪高度定为相对标高的零点,写作"±0 000"。

标高的单位为米(m)。标高数字一般注写到小数点以后第三位,在总平面图中,可注写到小数点以后第二位,位数不足用零补齐。

标高符号为等腰直角三角形,应按图 2-5(a)所示形式以细实线绘制,如标注位置不够,可按图 2-5(b)所示形式绘制。

总平面图中和底层平面图中的室外地坪标高用涂黑的三角形表示,其轮廓形状与标高符号要求相同,如图 2-5(c)所示。

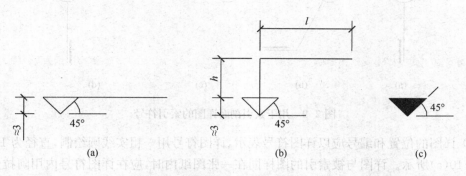

图 2-5　标高符号

在立面、剖面等图中,当标高标注在图形轮廓之外时,要在被标注的位置引出一条短的横线,标高符号的尖端应指至被标注高度的引出线,尖端可向下,也可向上,如图 2-6 所示。

当不同标高位置的施工图样完全相同时,可使用一张图纸,只需在一个标高符号上标注数个标高数字,如图 2-7 所示。

图 2-6　标高的指向　　　　　　　**图 2-7　一个标高符号上标注数个标高数字**

4. 索引符号与详图符号

在图样中的某一局部或构件未表达清楚,而需另见详图以得到更详细的尺寸及构造做法时,为方便施工时查阅图样,常常用索引符号注明详图所在的位置。按国标规定,标注方法如下:

(1) 索引符号的圆及直径均应以细实线绘制,如图 2-8(a)所示,圆的直径为 10 mm。索引出的详图,如与被索引的图样同在张图纸内,应在索引符号的上半圆中用阿拉伯数字注明该详图的编号,并在下半圆中间画一段水平细实线,如图 2-8(b)所示。索引出的详图,如与被索引的图样不在同一张图纸内,应在索引符号的下半圆中用阿拉伯数字注明该详图所在图纸的图纸号,如图 2-8(c)所示。索引出的详图,如采用标准图集,应在索引符号水平直径的延长线上加注该标准图集的编号,如图 2-8(d)所示。

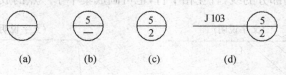

图 2-8　索引符号

（2）索引符号如用于索引剖面详图，应在被剖切的部位绘制剖切位置线，并应以引出线引出索引符号，引出线所在的一侧应为剖视投射方向，如图 2-9 所示，图 2-9(a)表示向左剖视。

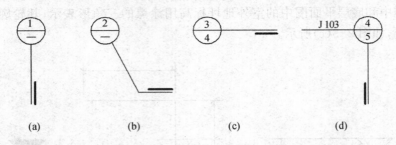

图 2-9　用于索引剖面详图的索引符号

（3）详图的位置和编号应以详图符号表示，详图符号用一粗实线圆绘制，直径为 14 mm。如图 2-10(a)所示。详图与被索引的图样同在一张图纸内时，应在详图符号内用阿拉伯数字注明详图的编号，如图 2-10(b)所示。详图与被索引的图样如不在同一张图纸内，可用细实线在详图符号内画一水平直径，在上半圆中注明详图编号，在下半圆中注明被索引图样的图样号，如图 2-10(c)所示。

（4）零件、钢筋、杆件、设备等的编号，应以直径为 6 mm 的细实线圆表示，其编号应用阿拉伯数字按顺序编写，如图 2-11 所示。

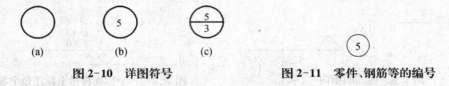

图 2-10　详图符号　　　　　　　　图 2-11　零件、钢筋等的编号

5. 引出线与多层构造说明

引出线应以细实线绘制。宜采用水平方向的直线，与水平方向成 30°、45°、60°、90°的直线，或经上述角度再折为水平线。文字说明宜注写在水平线的上方，也可注写在水平线的端部。索引详图的引出线应与水平直径线相连接，如图 2-12 所示。

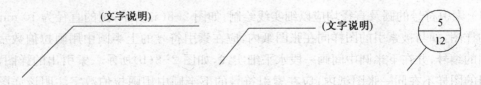

图 2-12　引出线

同时引出几个相同部分的线，宜互相平行，也可画成集中于一点的放射线，如图 2-13 所示。

图 2-13　共同引出线

多层构造或多层管道共用引出线,应通过被引出的各层。文字说明宜注写在水平线上方,或注写在水平线的端部。说明的顺序由上至下,并应与被说明的层次相互一致;如层次为横向排序,则由上至下的说明顺序应与从左至右的层次相互一致,如图2-14所示。

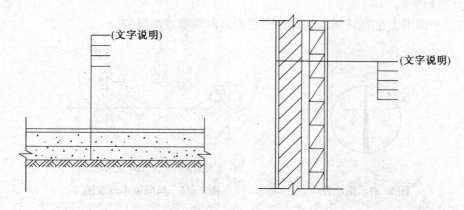

图2-14 多层构造引出线

6. 其他符号

(1) 对称符号

对称符号由对称线和两端的两对平行线组成。对称线用细点画线绘制;平行线用细实线绘制,其长度宜为6～10 mm,每对的间距宜为2～3 mm;对称线垂直平分于两对平行线,两端超出平行线宜为2～3 mm,如图2-15所示。

(2) 连接符号

连接符号应以折断线表示需连接的部位。两部位相距过远时,折断线两端靠图样一侧应标注大写拉丁字母表示连接编号。两个被连接的图样必须用相同的字母编号,如图2-16所示。

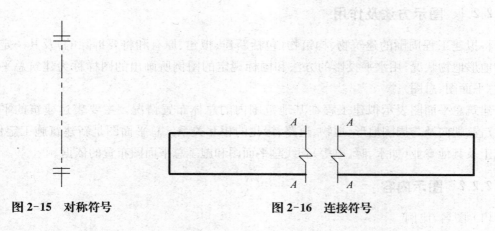

图2-15 对称符号   图2-16 连接符号

(3) 指北针和风玫瑰

指北针的形状宜如图2-17所示。其圆的直径宜为24 mm,用细实线绘制;指针尾部的宽度宜为 3 mm,针头部应注"北"或"N"字。需用较大直径绘制指北针时,指针尾部宽度宜为直径的 1/8。

风玫瑰图:在建筑总平面图上,通常应按当地实际情况绘制风向频率玫瑰图。上海地区和兰州地区的风向频率玫瑰图见图 2-18 所示。全国各地主要城市风向频率玫瑰图请参阅《建筑设计资料集》。

有的总平面图上也有只画上指北针而不画风向频率玫瑰图的。

图 2-17　指北针

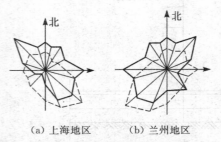

(a) 上海地区　　　(b) 兰州地区

图 2-18　风向频率玫瑰图

7. 图名和比例

图名一般注写在图样下方居中的位置。图样的比例应为图形与实物相对应的线性尺寸之比。比例宜注写在图名的右侧,字的基准线应取平,比例的字高应比图名的字高小一号或两号。图名下用粗实线绘制底线,底线应与字取平,如图 2-19 所示。

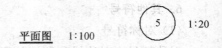

平面图　1:100

图 2-19　图名和比例

2.2　建筑总平面图

2.2.1　图示方法及作用

将拟建工程周围的建筑物、构筑物(包括新建、拟建、原有和将要拆除的)及其一定范围内的地形地物状况,用水平投影的方法和国标规定的图例所画出的图样称为建筑总平面图(或总平面图、总图)。

建筑总平面图表示拟建工程在基地范围内的总体布置情况。主要表达建筑的平面形状、位置、朝向及与周围地形、地物、道路、绿化的相互关系。总平面图是新建筑施工定位、土方施工及其他专业(如水、暖、电等)管线总平面图和施工总平面图布置的依据。

2.2.2　图示内容

(1) 图名、比例。

(2) 使用国标规定的图例,表明各建筑物和构筑物的平面形状、名称和层数,以及周围的地形地物和绿化等的布置情况,如表 2-2 所示。

表 2-2　　　　　　　　　　　　　　总平面图图例

序号	名称	图例	说明
1	新建建筑物	 8 ▲	用粗实线表示,用▲表示出入口,右上角以点数或数字表示层数
2	原有建筑物		用细实线表示
3	拆除建筑物	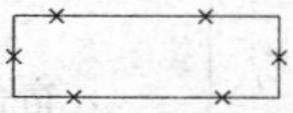	用细实线表示
4	铺砌场地	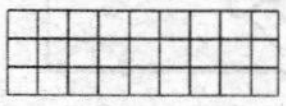	
5	敞棚或敞廊	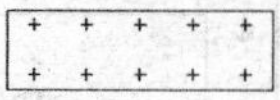	
6	围墙及大门	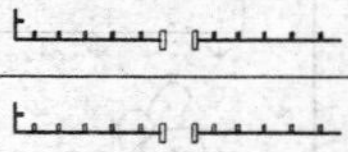	上图为实体性质的围墙,下图为通透性质的围墙。若仅表示围墙时不画大门
7	挡土墙		被挡土在突出的一侧
8	坐标	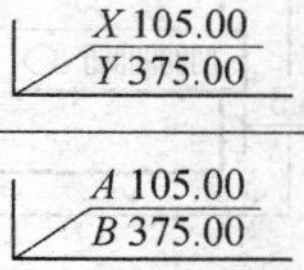 X 105.00 / Y 375.00 ; A 105.00 / B 375.00	上图表示测量坐标,下图表示建筑坐标
9	护坡		边坡较长时可在一端或两端局部表示
10	新建的道路	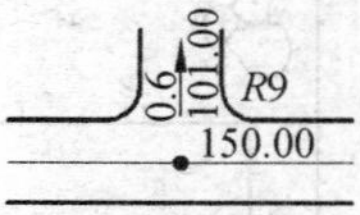 R9 150.00	R9 表示道路转弯半径为 9 m,150.00 表示路面中心控制点标高,0.6 表示 0.6% 的纵坡度,101.00 表示变坡点间距离
11	原有道路		
12	草坪	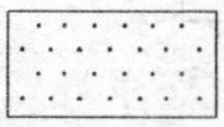	

（3）确定新建房屋的具体位置,一般根据原有房屋或道路来定位,并以米(m)为单位,标注出定位尺寸。对于较大的工程,往往标出测量坐标网(坐标代号宜用"X","Y"表示)或施工坐标网(坐标代号宜用"A","B"表示),用坐标来定位。当地形起伏较大时,还应画出等高线。

（4）注明新建房屋底层室内地面和室外整平地面的绝对标高。

（5）画出指北针或风玫瑰,表明方位朝向和当地风向频率。

（6）补充图例,对于国标中缺乏规定或不常用的图例,必须在总平面图中绘制清楚,并注明其名称。

2.2.3 图示实例

图 2-20 所示为某单位的总平面图,从图中可以看出下述有关内容:

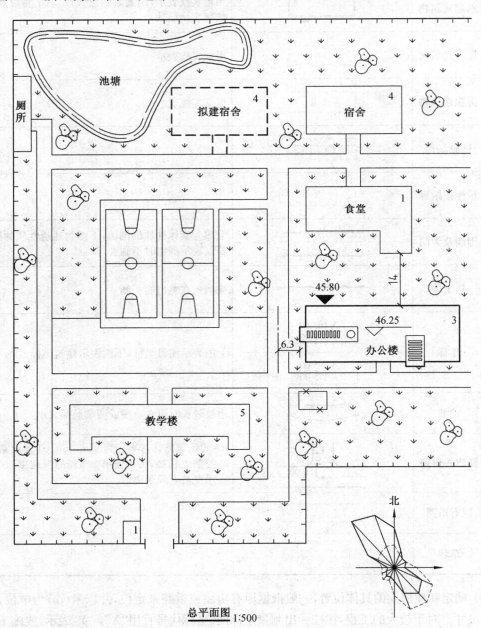

总平面图 1:500

图 2-20 总平面图

(1) 图名、比例以及有关文字说明。从图 2-20 的图名和图中各房屋所标注的名称,可了解工程的性质和概况,可知新建房屋为某单位的办公楼。总平面图因包含的范围较大,所以绘制时选用的比例都较小,如 1:2000、1:1000、1:500 等,该总平面图所选用的比例为

1：500。

（2）新建房屋的位置和朝向。房屋的位置可用定位尺寸或坐标确定。该总平面图中是用定位尺寸来确定新建房屋的位置，根据北面原有的食堂和西面的道路中心线定位。从图中的风玫瑰图可知该房屋的朝向。

（3）新建房屋的平面形状、层数和室内外地坪标高。各房屋平面图形内右上角的数字或小黑点数，表示房屋的层数。该新建的办公楼为三层。

（4）新建房屋周围的情况。新建办公楼的北面有一食堂，食堂再往北有一四层的宿舍，宿舍的西面计划再建一幢四层宿舍；西面有篮球场，篮球场的北面有池塘，西北角有一厕所；南面有一要拆除的建筑物；西南有一幢五层的教学楼。

2.3　建筑平面图

2.3.1　图示方法及作用

建筑平面图是假想用一个水平剖切平面将建筑物沿门、窗洞以上的位置剖切后，移去上部，对剖切面以下部分从上向下作正投影所得的水平投影图，简称平面图，平面图以层数命名，分为底层平面图、二层平面图……顶层平面图等。如果中间各层平面布置相同，可用一个平面图表示，通常称为标准层平面图。

建筑平面图表示建筑物的平面形状、大小、房间功能布局和墙、柱、门、窗的类型、位置及材料等，是施工放线、砌筑墙体、门窗安装、室内装修和编制预算、准备材料的重要依据。

一般房屋有几层，就应有几个平面图。沿房屋底层门窗洞口剖切所得到的平面图称为底层（或首层）平面图，沿二层门窗洞口剖切所得到的平面图称为二层平面图，用同样的方法可得到三层、四层平面图，若中间各层完全相同，可画个标准层平面图。最高一层的平面图称为顶层平面图。一般房屋有底层平面、标准层平面、顶层平面图三个平面图即可，在各平面图下方应注明相应的图名及采用比例。如平面图左右对称时，亦可将两层平面合绘在一个图上，左边绘出一层的一半，右边绘出另一层的一半，中间用对称符号分开，并在图的下方，左右两边分别注明图名。

在比例大于1：50的平面图中，被剖切到的墙、柱等应画出材料图例，装修层也应用细实线画出。在比例为1：100、1：200的平面图中被剖切到的墙、柱等的材料图例可用简化画法（如砖墙涂红、钢筋混凝土涂黑等），装饰层不画。比例小于1：200的平面图可不画材料图例。

2.3.2　图示内容

建筑平面图内应包括剖切面和投影方向口可见的建筑构造、构配件以及必要的尺寸、标高等。

（1）图名、比例。平面图常用的比例为1：50、1：100、1：200。

（2）纵横定位轴线及其编号。

（3）各房屋的组合、分隔和名称，墙、柱的断面形状及尺寸等。

（4）门、窗的布置及其型号。

（5）楼梯梯段的形状、梯段的走向和级数。

（6）其他构件如台阶、花台、阳台、雨篷等的位置、形状和尺寸，以及厨房、厕所、盥洗间等的固定设施的布置等。

（7）平面图中应标注的尺寸和标高。

（8）详图索引符号。

（9）底层平面图中应表明剖面图的剖切位置、剖视方向及编号，表示房屋朝向的指北针。

（10）屋顶平面图中应表示出屋顶形状、屋面排水情况及屋面以上的构筑物或其他设施，如天沟、女儿墙、屋面坡度及方向、楼梯间、水箱间、天窗、上人孔、消防梯等。

2.3.3　图示实例

现以图 2-21 所示某办公楼的底层平面图为例，说明平面图所表达的内容和图示方法。

（1）从图名和比例可知，该图为底层平面图，比例为 1∶100。

（2）从底层平面图图形外的指北针所示可知房屋的朝向，该办公楼为坐北朝南。

（3）从图中定位轴线的编号及其距离，可知各承重构件的位置及房间的大小。该图的横向轴线为①—⑦，竖向轴线为Ⓐ—Ⓒ。

（4）从图中可知该房屋的平面布置和交通情况。房屋西南部④—⑤轴线间为主要出入口。上三步台阶经外门 MLC6835 进入门厅。门厅入口处台阶的西侧为残疾人坡道，设置 600 mm 和 900 mm 高的横向扶手两道，方便残疾人进出建筑。正对门厅的房间为入口接待。门厅以北⑤—⑥轴线和①—②轴线间是楼梯间，楼梯是供上下交通用的，图中"上 26"是指底层到二层共有 26 个步级。图中将两个楼梯编号，分别为 1# 楼梯和 2# 楼梯，以便和楼梯详图一一对应。门厅与楼梯间之间有一内走廊，在走廊的最西端轴线的墙体上开启了一个次要出入口，设有门 M1235 和三步室外台阶。门厅以北⑥—⑦轴线间有两个厕所，其余房间功能均为办公室。房屋四周有散水。

（5）从图中门窗的图例及其编号，可了解到门窗的类型、数量及其位置。平面图中常采用国标规定的构造及配件图例，如表 2-3 所示。

门、窗除采用图例外，还应进行编号。门的代号为 M，窗的代号为 C，门连窗的代号为 MLC，在代号后用数字编号。编号的方式一般有两种：第一种方法是用 M-1、M-2 和 C-1、C-2 等表示不同的门和窗。同编号表示同一类型的门窗，它们的构造和尺寸都一样；第二种方法是用数字表示门或窗的高度和宽度，比如，M1235，表示该门的宽度为 1200 mm，高度为 3500 mm。由于第二种表示方法直观，表达的内容全面，因此现在的施工图设计常采用第二种表示方法。图 2-21 中采用的就是第二种表示方法。通常还在底层平面图的同页图纸（或首页图）上附有门窗表。假想剖切平面以上的高窗、通气孔等，可在与它同一层的平面图上用虚线表示。门窗立面图例上的斜线及平面图上的弧线，表示门窗扇开关方向，实线表示外开，虚线表示内开。

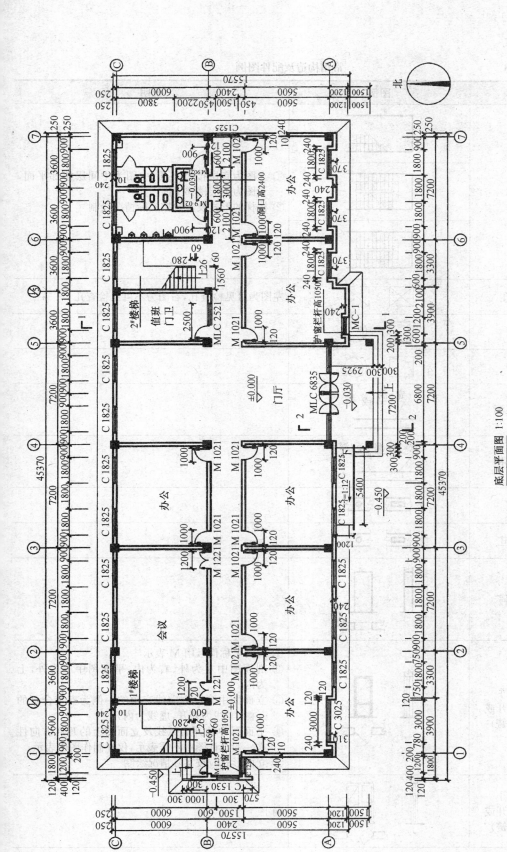

底层平面图 1:100

图 2-21 底层平面图

注:所有墙体厚度除注明外均厚 240,轴线居中或贴柱边齐。 卫生间比所在层层底低 30 mm。

表 2-3　　　　　　　　　　　　　　　常用构造及配件图例

名称	图例	说明
楼梯	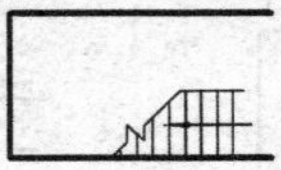	① 上图为底层楼梯平面,中图为中间层楼梯平面,下图为顶层楼梯平面 ② 楼梯的形式及步数按实际情况绘制
检查孔	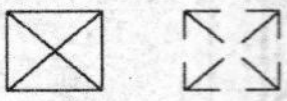	左图为可见检查孔,右图为不可见检查孔
孔洞	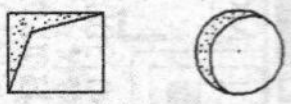	
坑槽	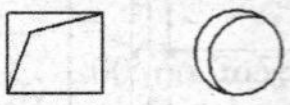	
墙顶留洞	 宽×高 或 φ	
墙顶留槽	 宽×高×深 或 φ×深	
烟道	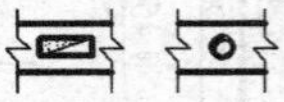	
通风道	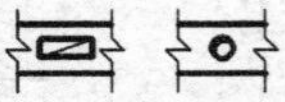	
空门洞	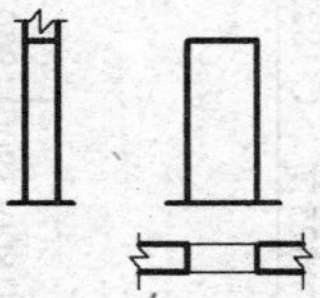	
单扇门 (包括平开或 单面弹簧)	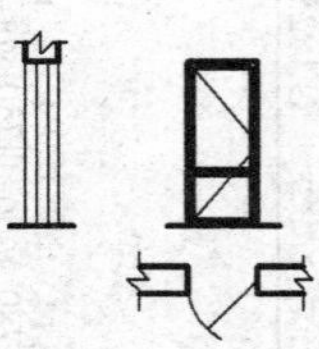	① 门的名称代号用 M 表示 ② 剖面图中左为外、右为内,平面图中下为外,上为内 ③ 立面图中开户方向线交角的一侧为安装合页的一侧,实线为外开,虚线为内开 ④ 平面图中的开启弧线及立面图上的开启方向性在一般设计图中不需表示,仅在制作图中表示 ⑤ 立面形式应按实际情况绘制
双扇门 (包括平开或 单面弹簧)	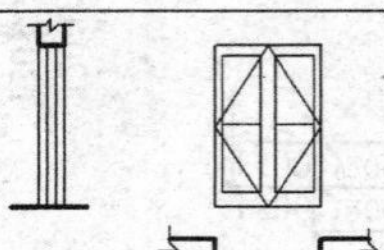	同上

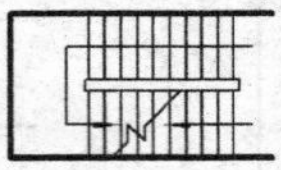

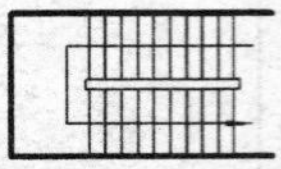

续表

名称	图例	说明
单扇双面弹簧门	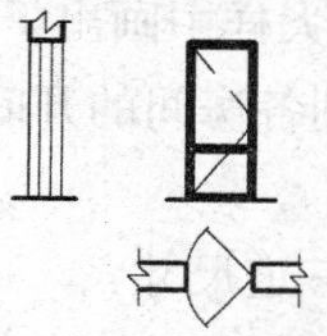	同上
双扇双面弹簧门	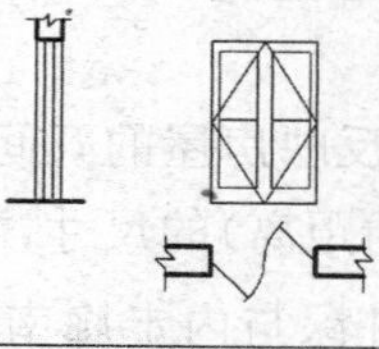	同上
单层固定窗	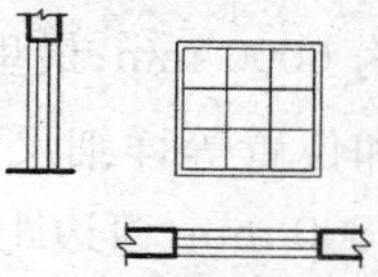	① 窗的名称代号用C表示 ② 立面图中的斜线表示窗的开关方向，实线为外开，虚线为内开；开启方向线交角一侧为安装合页的一侧，一般设计图中可不表示 ③ 剖面图中左为外，右为内，平面图中下为外，上为内 ④ 平面图、剖面图中的虚线仅说明开关方式，在设计图中不需要表示 ⑤ 窗的立面形式应按实际情况绘制
单扇外开上悬窗		
单层中悬窗	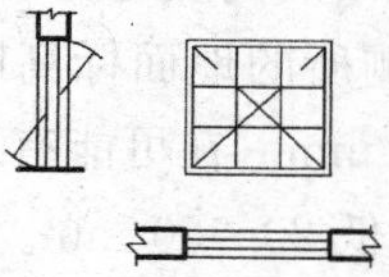	同上
单层外开平开窗	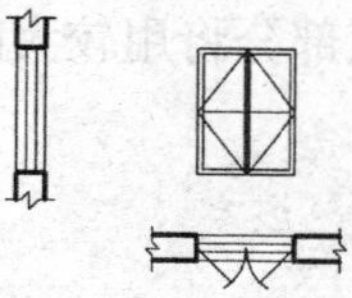	同上
单层内层平开窗	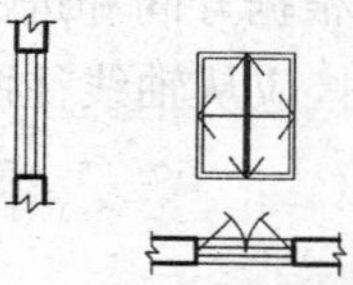	同上

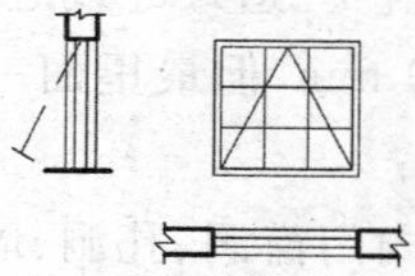

从图 2-21 中可知，该图中共表示出有两种门，一种为普通门，图中包括 M0921、M1021、M1221、M1235 四种型号，从编号中可知其宽、高分别为 900 mm×2100 mm、1000 mm×2100 mm、1200 mm×2100 mm、1200 mm×3500 mm；另一种为门连窗，图中包括 MLC6835、MLC2521 两种类型。从编号中可知其宽、高分别为 6800 mm×3500 mm、2500 mm×2100 mm。

图中有两种窗,一种为普通窗,如 C1825、C1525、C1830、C1230,窗洞宽度、高度分别为 1800 mm×2500 mm、1500 mm×2500 mm、1800 mm×3000 mm、1200 mm×3000 mm;另一种窗为幕墙.如 MC-1,其具体的尺寸和形式在门窗大样中画出.

(6) 图中的尺寸标注。从各道尺寸标注,可了解到各房间的开间、进深、墙体与门窗及室内设备的大小和位置。尺寸分为外部尺寸和内部尺寸。

外部尺寸表示房屋外墙上的各种尺寸,一般标注三道尺寸:

最外面一道是外轮廓总尺寸,表示房屋的总长和总宽,本图中房屋的总长和总宽分别为 45370 mm 和 15570 mm;

中间一道是轴线间尺寸,表示轴线之间的距离,反映房屋的开间和进深(开间一般是指房屋纵向轴线间的距离,进深是指房屋横向轴线间的距离)的尺寸,本图中办公室和入口门厅的开间均为 7200 mm,Ⓐ~Ⓑ尺寸(即内走廊进深与内走廊南面的房间进深之和)为 8000 mm,Ⓑ~Ⓒ尺寸(即内走廊北面的房间进深)为 6000 mm;最里面一道是细部尺寸,表示沿外墙上的门、窗洞宽和位置、窗间墙和柱的大小和位置等详细尺寸,标注这道尺寸时,应与轴线联系起来,如本图办公室的窗 C1825,宽度为 1800 mm,窗边距离轴线②为750 mm 等。

另外,台阶、散水等细部的尺寸,可单独就近标注。三道尺寸线之间应留有适当的距离,以便注写尺寸数字,一般尺寸线之间的距离为 7~10 mm,但最里面一道尺寸线应距离图形最外轮廓线 10~15 mm。

内部尺寸反映房屋中房间室内的净空大小和室内门窗洞、孔洞、墙厚和固定设备的大小和位置,以及室内楼地面的标高等。本图中将底层地面的高度定为相对标高的零点(相当于总平面图中的绝对标高 54.40 m),记为±0.000,两厕所的地面标高以及出入口处台阶的标高为−0.030 m,即表示为该处地面比门厅地面低 30 mm。在可能有水的地方,比如厨房、厕所、台阶、阳台等处,其标高一般比室内楼地面的标高低 20~50 mm。

(7) 在底层平面图中,还画出剖面图的剖切符号,如 1—1 剖面图、2—2 剖面图等,以便与剖面图对照查阅。另外,还有详图索引符号,表示该部分将用较大的比例另画详图。

该办公楼的二层平面图如图 2-22 所示。

2.3.4　绘图步骤及要求

(1) 定轴线:先定横向和纵向的最外两道轴线,再根据开间和进深尺寸定出各轴线。

(2) 画墙身厚度,定门窗洞位置,定门窗洞位置时,应从轴线往两边定窗间墙宽.这样门窗洞宽自然就定出了。

(3) 画楼梯、阳台、散水、明沟等细部。

(4) 经检查无误后,擦去多余的作图线,按施工图要求加深或加粗图线或上墨线。并标注轴线、尺寸,门窗编号、剖切位置线、图名、比例及其他文字说明(图)。

平面图中线型要求是:剖到的墙身用粗实线,看到的墙轮廓线、构配件轮廓线、窗洞、窗台及门扇框为中粗线,窗扇及其他细部为细实线。

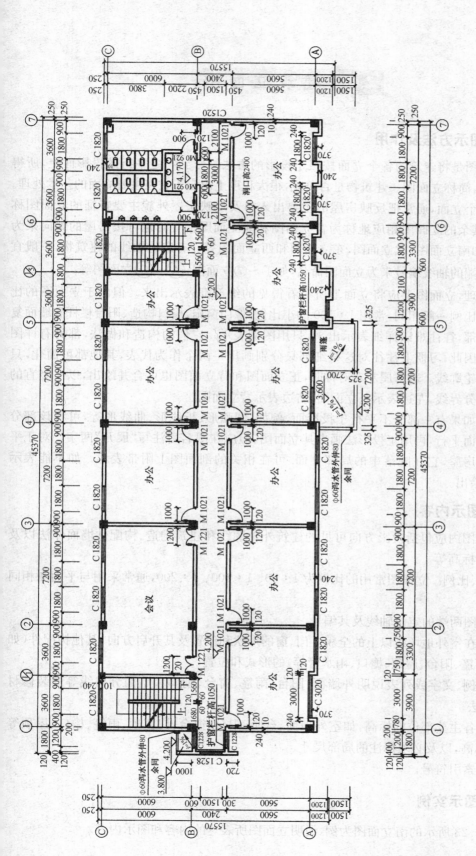

二层平面图 1:100

图2-22 二层平面图

注：所有墙体厚度除注明外均厚240，轴线居中或贴柱边齐。卫生间比所在层楼面低30 mm。

土木工程图学

2.4 建筑立面图

2.4.1 图示方法及作用

建筑立面图是将建筑的各个立面按照正投影的方法投影到与之平行的投影面上,所得到的正投影图,简称立面图。建筑物是否美观,很大程度上决定于它在主要立面的艺术处理。

房屋有多个立面,通常把反映房屋的主要出入口及反映房屋外貌主要特征的立面图称为正立面图,其余的立面图相应地称为背立面图和侧立面图。有时也可按房屋的朝向来为立面图命名,如南立面图、北立面图、东立面图和西立面图等。有定位轴线的建筑物,一般宜根据立面图两端的轴线编号来为立面图命名,如①~⑦立面图,Ⓐ~Ⓒ立面图等。

按投影原理,立面图上应将立面上所有看得见的细部都表示出来。但由于立面图的比例与平面图的比例一般相同,常用 1∶100 的小比例,像门窗扇、檐口构造、阳台栏杆和墙面复杂的装修等细部,往往难以详细表示出来,只用图例表示。它们的构造和做法,都另有详图或文字说明。因此,习惯上往往对这些细部只分别画出一两个作为代表,其他都可简化,只需画出它们的轮廓线。若房屋左右对称时,正立面图和背立面图也可合并绘出,以一竖直的对称符号作为分界线,左边表示正立面图,右边表示背立面图。

房屋立面如果有一部分不平行于投影面,例如:圆弧形、折线形、曲线形等,可将该部分展开到与投影面平行,再用正投影法画出其立面图,但应在图名后注写"展开"两字。对于平面为回字形的房屋,它在院落中的局部立面.可在相关的剖面图上附带表示。如不能表示时,则应单独绘出。

2.4.2 图示内容

建筑立面图内应包括投影方向可见的建筑外轮廓线和建筑构造、构配件墙面作法以及必要的尺寸和标高等。

(1)图名、比例。立面图常用的比例为 1∶50、1∶100、1∶200,通常采用与平面图相同的比例。

(2)立面图两端的定位轴线及其编号。

(3)房屋在室外地坪线以上的全貌。门、窗的形状和位置及其开启方向,其他构配件(如台阶、花台、雨篷、阳台、屋顶、檐口、雨水管等)的形式和位置。

(4)用图例、文字或列表说明外墙面、阳台、雨篷、窗台、勒脚和墙面分格线等的装修材料、色彩和做法。

(5)外墙各主要部位的标高,如室外地面、台阶、阳台、窗台、门窗顶、雨篷、檐口、屋顶等处完成面的标高,以及必须标注的局部尺寸。

(6)详图索引符号。

2.4.3 图示实例

现以图 2-23 所示的南立面图为例,说明立面图所表达的内容和图示内容。

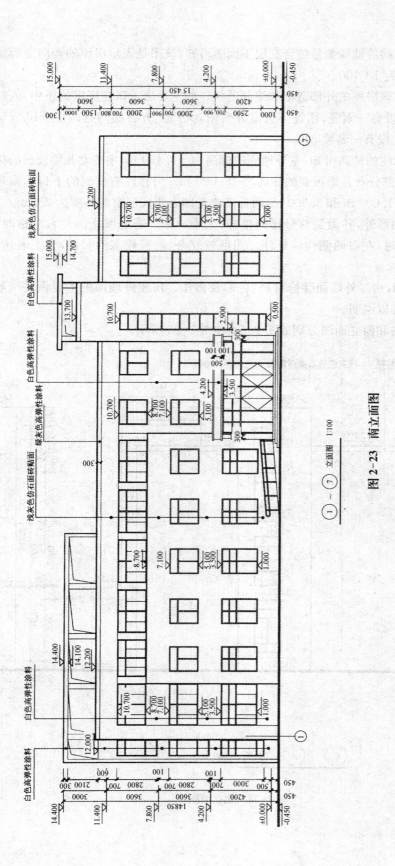

图 2-23 南立面图

$\dfrac{① \sim ⑦}{立面图}$ 1:100

(1) 从立面图两端的轴线编号结合底层平面图可知,该图是表示房屋的南向立面图。比例与平面图一致,也为 1:100。

(2) 从图中可知该房屋的外部造型和细部形状。如主要出入口在房屋的正中,入口处为一门连窗,门的上方设有一雨篷,雨篷下为室外台阶,大门上方各层均有两个 C1820 窗。主要出入口东侧外墙上设有一幕墙 MC-1。

(3) 从图中所标注的标高可知,室外地面的标高为 -0.450 m,主楼女儿墙顶面的标高为 12.200 m,局部升高部分女儿墙顶面的标高为 15.000 m。另标注有窗洞的下口标高和上口标高,如底层分别为 1.000 m 和 3.500 m,两标高之差即表明底层窗洞高度为 2.5 m。

标高一般注在图形外,并做到符号排列整齐,大小一致。若房屋立面左右对称时,一般标注在左侧;不对称时,左右两侧均应标注。图形较复杂、内容较多的时候,为了表达清楚,标高也可就近标注。

(4) 从图中可知,房屋外墙面装修材料、色彩及做法。房屋外墙面的主要做法一般是在立面图中注写文字加以说明。

房屋的北立面图和西立面图分别如图 2-24 和图 2-25 所示。

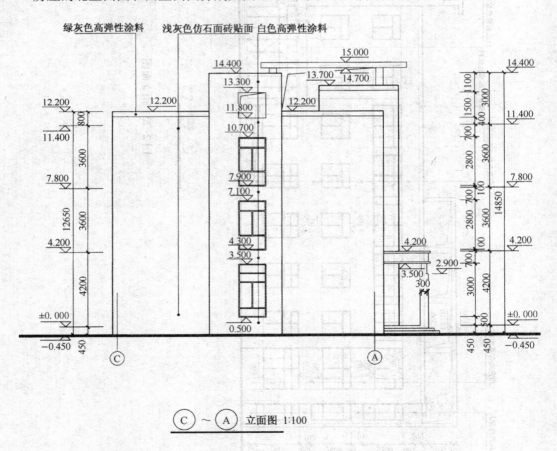

图 2-24 北立面图

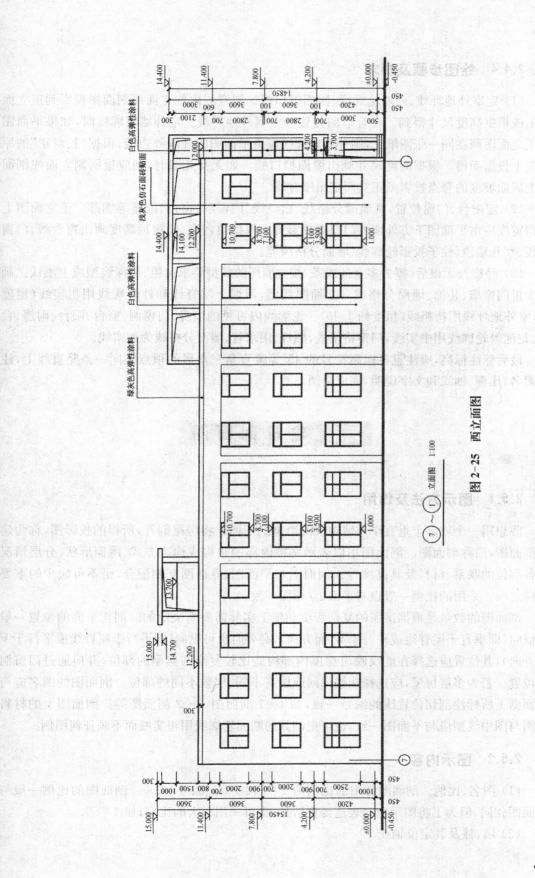

图 2-25 西立面图

⑦~①立面图 1:100

2.4.4 绘图步骤及要求

（1）定室外地坪线、外墙轮廓线、屋面檐口线。屋脊线由侧立面或剖面图投影到正立面图上或根据高度尺寸得到。在合适的位置画上室外地坪线。定外墙轮廓线时，如果平面图和正立面图画在同一张图纸上，则外墙轮廓线应由平面图的外墙外边线，根据"长对正"的原理向上投影而得。根据高度尺寸画出屋面檐口线。如无女儿墙时，则应根据侧立面或剖面图上屋面坡度的脊点投影到正立面定出屋脊线。

（2）定阳台、门窗位置，画墙面分格线、檐口线、门窗洞、窗台、雨篷等细部。正立面图上门窗宽度应由平面图下方外墙的门窗宽投影得。根据窗台高、门窗顶高度画出窗台线、门窗顶线、女儿墙顶、柱子投影轮廓线、墙面分格线等。

（3）经检查无误后，擦去多余的线条，按立面图的线型要求加粗、加深线型或上墨线。画出少量门窗扇、装饰、墙面分格线。立面图线型，习惯上屋脊线和外轮廓线用粗实线（粗度 b），室外地坪线用特粗线（粗度约 $1.4b$）。轮廓线内可见的墙身、门窗洞、窗台、阳台、雨篷、台阶、花池等轮廓线用中实线，门窗格子线、栏杆、雨水管、墙面分格线为细实线。

最后标注标高，应注意各标高符号的 $45°$ 等腰直角三角形的顶点在同一条竖直线上，注写图名、比例、轴线和文字说明，完成全图。

2.5　建 筑 剖 面 图

2.5.1　图示方法及作用

假想用一个或多个垂直于外墙轴线的铅垂剖切面。将房屋剖开，所得的投影图，称为建筑剖面图，简称剖面图。剖面图用以表示房屋内部的结构或构造方式、屋面形状、分层情况和各部位的联系、材料及其高度等。剖面图与平面图、立面图互相配合，是不可缺少的重要图样之一。采用的比例一般也与平面、立面图一致。

剖面图的数量是根据房屋的复杂程度和施工实际需要而决定的。剖切平面的位置一般为横向（即垂直于屋脊线或平行于 W 面方向），必要时也可纵向（即平行于屋脊线或平行于 V 面方向），其位置应选择在能反映出房屋内部构造比较复杂与典型的部位，并应通过门窗洞的位置。若为多层房屋，应选择在楼梯间或层高不同、层数不同的部位。剖面图的图名应与平面图上所标注剖切位置线的编号一致，如 1—1 剖面图、2—2 剖面图等。剖面图上的材料图例与图中线型应与平面图一致，也可把剖到的断面轮廓线用粗实线而不画任何图例。

2.5.2　图示内容

（1）图名、比例。剖面图常用的比例为 $1：50$、$1：100$、$1：200$。剖面图的比例一般与平面图相同，但为了将图示内容表达得更清楚，也可采用较大的比例，如 $1：50$。

（2）墙、柱及其定位轴线。

（3）剖切到的构配件，如室内外地面、各层楼面、屋顶、内外墙及其门窗、梁、楼梯梯段与楼梯平台、雨篷、阳台等，一般不画出地面以下的基础。

（4）未剖切到的可见构配件，如看到的墙面及其轮廓、梁、柱、阳台、雨篷、门、窗、踢脚、台阶、雨水管，以及看到的楼梯段和各种装饰等。

（5）竖直方向的尺寸和标高。尺寸主要标注室内外各部分的高度尺寸，包括室外地坪至房屋最高点的总高度、各层层高、门窗洞口高度及其他必要的尺寸。标高主要标注室内外地面、各层楼面、地下层地面与楼梯休息平台、阳台、檐口或女儿墙顶面、高出屋面的水箱顶面、烟囱顶面、楼梯间顶面、电梯间顶面等处的标高。

（6）楼地面、屋顶的构造、材料与做法可用引出线说明，引出线指向所说明的部位，并按其构造的层次顺序，逐层加以文字说明；也可另画剖面节点详图或在施工说明中注明，或注明套用标准图或通用图（须注明所套用图集的名称及图号），故在 1：100 的剖面图中也可只示意性地表示出其厚度。

（7）详图索引符号。

2.5.3　图示实例

现以图 2-26 所示的 1—1 剖面图为例，说明剖面图所表达的内容和图示方法。

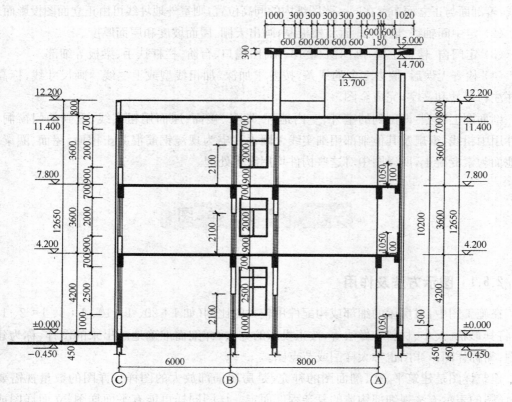

1—1剖面图　1:100

图 2-26　1—1 剖面图

（1）从图名结合底层平面图中标注的剖切符号可知，1—1 剖面图是通过楼梯间的房屋横向剖面图，投影方向向右，比例为 1：100。

（2）从图中可看出房屋的结构形式和构造方式、分层情况、各部位的联系及材料、做法等。此房屋由两层楼面将内部空间分成三层，水平方向是由钢筋混凝土构件板和梁承重，竖直方向是由柱承重，为一框架结构建筑。

室外南面有台阶、雨篷，雨篷带有上翻边，上有雨篷梁；剖切到的外墙上有门 ML-C6835、窗 C1825、C1820，窗户的上顶面贴在框架梁底；剖切到的内墙上有门 M1021；内走廊端部有窗 C1525、C1520 等；屋面坡度为 2%，女儿墙顶部有钢筋混凝土压顶。

（3）由图中的标高和尺寸标注可知该房屋各层的标高，由此可计算出底层的层高为 4.2 m，二、三层层高均为 3.6 m。由门窗洞上下口的标高可知门窗洞的高度分别为 3.5 m、2.5 m 和 2.0 m。

2.5.4 绘图步骤及要求

在画剖面图之前，根据平面图中的剖切位置线和编号，分析所要画的剖面图哪些是剖到的，哪些是看到的，做到心中有数，有的放矢。

（1）先定最外两道轴线、室内外地坪线、楼面线和顶棚线。根据室内外高差定出室内外地坪线，若剖面与正立面布置在同一张图纸内的同高位置，则室外地坪线可由正立面图投影而来。

（2）定中间轴线、墙厚、地面和楼板厚，画出天棚、屋面坡度和屋面厚度。

（3）定门窗、楼梯位置，画门窗、楼梯、阳什、檐口、台阶、栏杆扶手、梁板等细部。

（4）检查无误后，擦去多余的线条，按要求加深、加粗线型或上墨线。画尺寸线，标高符号并注写尺寸和文字，完成全图。

剖面图上线型：即剖到的室外、室内地坪、墙身、楼面、屋面用粗实线，看到的门窗洞、构配件用中粗线，窗扇及其他细部用细实线。因本住宅为现浇钢筋混凝土楼面、屋面、圈梁，底层地面为素混凝土，所以图中对这些构件均用涂黑处理。

2.6 建 筑 详 图

2.6.1 图示方法及作用

在施工图中，对房屋的细部或构配件用较大的比例（如 1：20、1：10、1：5、1：2、1：1 等）将其形状、大小、材料和做法等，按正投影的方法、详细而准确地画出来的图样，称为建筑详图，简称详图。详图也称大样图或节点图。

建筑详图是建筑平、立、剖面图的补充，是房屋局部放大的图样。详图的数量视需要而定，详图的表示方法视细部构造的复杂程度而定。详图同样可能有平面详图、立面详图或剖面详图。当详图表示的内容较为复杂时，可在其上再索引出比例更大的详图。

详图的特点是比例较大、图示详尽清楚、尺寸标注齐全、文字说明详尽。

详图所画的的节点部位,除在有关的平、立、剖面图中绘注出索引符号外,并需在所画详图上绘制详图符号和注明详图名称,以便查阅。

2.6.2 楼梯详图

楼梯及楼梯间详图的组成:楼梯是多层房屋上下交通的主要设施,应满足行走方便、人流疏散畅通、有足够的坚周耐久性。目前多采用现浇钢筋混凝土楼梯。楼梯主要由梯段、休息平台和栏杆扶手组成。梯段(或称梯跑)是联系两个不同标高平台的倾斜构件,一般是由踏步和梯梁(或梯段板)组成。踏步是由水平的踏板和垂直的踢板组成。休息平台是供行走时调节疲劳和转换梯段方向用的。栏杆扶手是设在梯段及平台边缘上的保护构件,以保证楼梯交通安全。通常在房屋入口处设置踏步,称台阶。应用在一般民用建筑中常设的楼梯有单跑楼梯和双跑楼梯两种。

楼梯梯段的结构形式有板式梯段,即由梯段板承受该梯段全部荷载并传给平台梁再传到墙上(图 2-27(a));梁板式梯段,即梯段板侧设有斜梁,斜梁搁置在平台梁上,荷载由踏步板经梯梁(斜梁)传到平台梁,再传到墙上(图 2-27(b))。一级踏步应包括踏面(水平面即踏板)和踢面(铅垂面)(图 2-27(c))。通常取踏面宽:踢面高$=b:h=2:1$,当 $b=300$、$h=150$ 时,人们上、下楼梯较舒适。本例为板式楼梯。楼梯的构造较复杂,一般需另画详图,以表示楼梯的组成、结构形式、各部位尺寸、装饰做法。

楼梯间详图一般包括楼梯间平面详图、剖面详图、踏步栏杆扶手详图,这些详图应尽可能画在同一张图纸内。平面、剖面详图比例要一致(如 1:20、1:30、1:50),以便对照阅读。踏步、栏杆扶手详图比例要大些,以便更详细、清楚地表达该部分构造情况。楼梯详图般分建筑详图与结构详图,并分别绘制,分别编入"建施"和"结施"中。但对一些构造和装修较简单的现浇钢筋混凝土楼梯可只绘楼梯结构施工图。

下面以现浇钢筋混凝土板式双跑楼梯为例说明楼梯详图的内容、画法。

(1)楼梯平面图。是用一假想水平剖切面沿窗台上方剖切,将剖切面以上部分移去,对剖切面以下部分所作的楼梯间的水平正投影图。它表明梯段的水平长度和宽度、各级踏面的宽度、休息平台的宽度和栏板(或栏杆)扶手的位置等的平面情况。

一般每层都应画出楼梯平面图,对于三层以上的房屋,若中间各层的楼梯形式、构造完全相同,往往只需画出底层、中间层(标准层)和顶层三个平面图即可。但在标准层平面图上应以括号形式加注省略各层相应部位的标高,如图 2-28 所示。

剖切平面位置除顶层在栏板(或栏杆)扶手以上外,其余各层均在该层上行第一跑楼梯平台下,剖切到梯段。各层被剖切到的梯段,剖切处应按国标规定,在平面图中用一根45°折断线表示。并用箭头配合文字"上"或"下"表示楼梯的上行或下行方向,同时注明该梯段的步级数。如楼梯底层平面图图中所示"上 26"表示从该一层往上经过 26 个步级可到达二层,"下 26"表示从二层往下经过 26 个步级可到达一层。各层楼梯平面图中应标注楼梯间的轴线及其编号,底层平面图中还应注明楼梯剖面图的剖切位置及剖视方向。

楼梯平面图中的尺寸标注,应标注出楼梯轴线间尺寸、梯段的定位及宽度、踏步宽度、休息平台的宽度和栏板(或栏杆)扶手的位置以及平面图上应标注的其他尺寸。如图中轴线间尺寸 3600 mm 和 6000 mm,分别表示为楼梯间的开间和进深;休息平台宽度 1900 mm,梯段

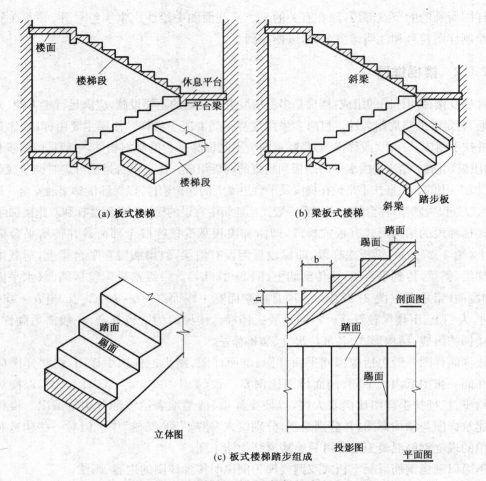

(a) 板式楼梯   (b) 梁板式楼梯

(c) 板式楼梯踏步组成

图 2-27　板式楼梯、梁板式楼梯及踏步组成

宽度 1620 mm(含扶手宽 60 mm),梯井宽度 120 mm;图中 280 mm×12 mm=3360 mm 表示为踏面宽×踏面数=梯段长度。窗洞的定形和定位尺寸分别为 1800 mm 和 900 mm。

　　楼梯平面图中的标高,一般应注明地面、各层楼面及休息平台的标高,如图中±0.000、4.200 m、7.800 m、2.100 m、6.000 m 等。

　　底层平面图只有一个被剖切的梯段及栏板,梯段处注有"上"字的长箭头。顶层平面图没有剖切到梯段及栏板,因此可以看到两段完整的梯段及栏板的投影,图中还表明顶层护栏的位置,梯段处只有一个注有"下"字的长箭头。中间层平面图既有被剖切到的往上走的梯段(注有"上"字的长箭头)、还有看到的该层往下走的梯段(注有"下"字的长箭头)、休息平台及平台往下走的梯段,被剖切到的上行梯段和剖开后看到的下行梯段之间以 45°折断线为界。

　　在楼梯平面图中画出的踏面数总比步级数少一个,因为总有一个踏面借助了楼地面或休息平台面。

　　(2) 楼梯剖面图用一假想的铅垂剖切面沿梯段长度方向,通常通过第一跑梯段和门窗洞口,将楼梯间剖开,向未剖到的梯段方向投影,所得到的剖面图,即为楼梯剖面图。楼梯剖面图能完整而清晰地反映楼层、梯段、平台、栏板等构造及其之间的相互关系。

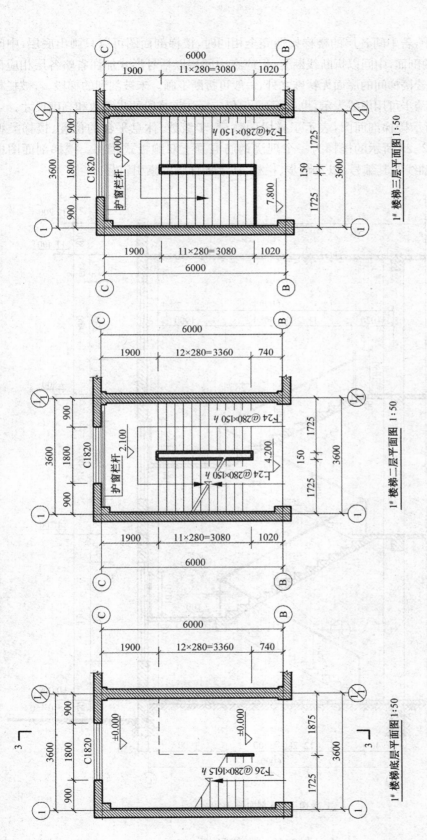

6000
1900 | 11×280=3080 | 1020

900
3600 1800 C1820 护窗栏杆 ∇6.000
900

Г24@280×150 h

∇7.800

1725 150 1725
3600

1# 楼梯三层平面图 1:50

1900 | 11×280=3080 | 1020
6000

6000
1900 | 12×280=3360 | 740

900
3600 1800 C1820 护窗栏杆 ∇2.100

Г24@280×150 h

∇4.200
Г24@280×150 h

1725 150 1725
3600

1# 楼梯二层平面图 1:50

图 2-28 楼梯平面图

1900 | 11×280=3080 | 1020
6000

6000
1900 | 12×280=3360 | 740

900
3600 1800 C1820 ±0.000

±0.000

1875
3600
1725

Г26@280×1615 h

1# 楼梯底层平面图 1:50

在多层房屋中,若中间各层的楼梯构造完全相同时,楼梯剖面图可以只画出底层,中间层(标准层)和顶层的剖面,中间以折断线断开,但应在中间层以括号形式加注省略各层相应部位的标高。习惯上,若楼梯间的屋面无特殊之处,一般可折断不画。未被剖到的梯段,若被栏板遮挡而不可见时,其踏步可用虚线表示,也可不画,但仍应标注该梯段的步级数和高度尺寸。

如图 2-29 所示楼梯剖面图,表示了梯段的数量、步级数、休息平台的位置、楼梯类型及其结构形式。图 2-29 所示的楼梯为一个现浇钢筋混凝土双跑板式楼梯。楼梯剖面图中应标注出楼梯间的轴线及其编号,以及踏步、栏板、扶手等详图的索引符号。

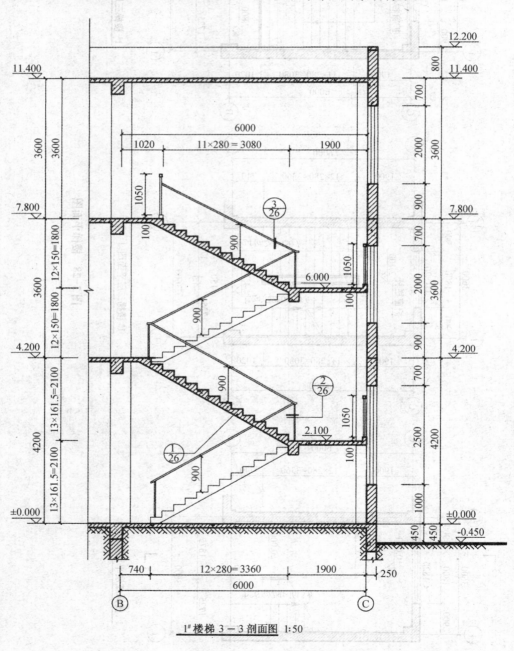

1# 楼梯 3—3 剖面图 1:50

图 2-29　楼梯剖面图

楼梯剖面图中的尺寸标注主要有轴线间尺寸、梯段、踏步、平台等尺寸。如图中轴线间尺寸 3600 mm,梯段高度方向尺寸用踢面高×步级数＝梯段高度的方式标注,例如楼梯剖面图中第 3 剖,梯段高度尺寸为 150 mm×12 mm＝1800 mm,栏板的高度尺寸 900 mm,是指从踏面中间到扶手顶面的垂直高度为 900 mm。标高主要标注地面、各层楼面及休息平台等处的标高,如图 2-29 中所示。

(3)楼梯踏步、栏板、扶手详图 对于楼梯踏步、栏板、扶手等细部,可用更大的比例,另画出详图,表示它们的形式、大小、材料及构造等情况。对于图中的防滑条,又从图中索引出,用更大的比例绘制,如图 2-30 所示。

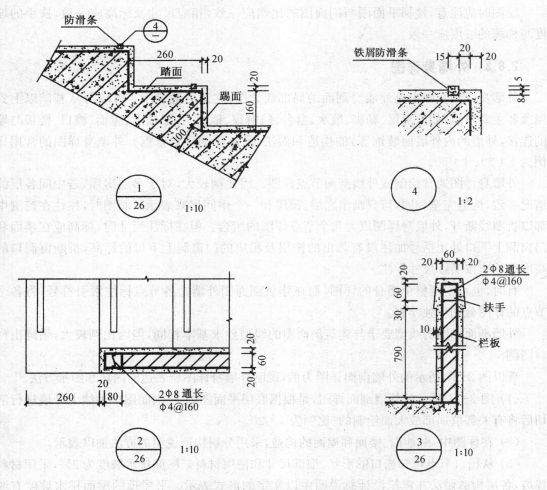

图 2-30 楼梯踏步、栏杆、扶手详图

(4)绘制步骤

现以二层楼梯平面图为例,说明楼梯平面图的绘制步骤。

① 画出楼梯间轴线、墙身线,定出休息平台的宽度、梯段的长度和宽度,确定楼梯的位置。

② 定出栏板扶手及窗洞的位置,画出踏步线。根据踏面数等于 $n-1$(n 为踢面数),将梯

段长分为 $n-1$ 等份,画出踏步线。

③ 画出走向箭头及折断线,其余步骤与平面图的后续步骤相同。

(5) 以 3-3 剖面图为例,说明楼梯剖面图的绘制步骤。

① 画出楼梯间轴线,定出楼地面线、休息平台线,确定楼梯的位置。

② 画墙身、栏板位置线,将梯段的长度方向分为 $n-1$ 等份(踏面数),高度方向分为 n 等分(踏面数),画出踏步位置线。

③ 画细部。画窗台、窗顶、梁,定出梯板竖向厚度、楼板厚度等。

其余步骤与剖面图的后续步骤相同。

绘图时应注意,楼梯平面图与剖面图的比例应一致,相应尺寸及标高应一致,扶手的坡度与梯段的坡度应一致。

2.6.3 外墙身详图

外墙身详图实际上是外墙身剖面的局部放大图,它详尽地表示了外墙身从基础以上到屋顶各主要节点(如防潮层、勒脚、散水、窗台、门窗顶、地面、各层楼面、屋面、檐口、楼板与墙的连接,外墙的内外墙面装饰等)的构造和做法,是施工的重要依据。外墙身详图的常用比例为 1∶20、1∶50。

外墙身详图通常绘制成外墙剖面节点详图。因比例较大,对于多层房屋,若中间各层的情况一致,构造完全相同,可只画出底层、顶层和一个中间层来表示。画图时,往往在窗洞中部以折断线断开,外墙身详图成为几个节点详图的组合。但在标注尺寸时,标高应在楼面和门窗洞上下口处用括号加注没有画出的楼层及相应的门窗洞上下口的标高,折断窗洞口的高度尺寸应按实际尺寸标注。

有时,也可不画整个墙身的详图,而在建筑剖面图外墙上各节点标注索引符号,将各个节点的详图分别单独绘制。

外墙剖面详图的线型要求与建筑剖面图的线型要求基本相同,但因比例较大,须画出材料图例。

现以图 2-31 所示的外墙剖面详图为例,说明外墙身详图所表达的内容和图示方法。

(1) 图 2-31 所示的外墙剖面详图,是根据底层平面图的 2-剖面图中轴线上外墙进行剖切后将有关部位局部放大而绘制的,比例为 1∶20。

(2) 在详图中,对地面、楼面和屋面的构造,采用分层构造说明的方法加以表示。

(3) 从檐口节点可知檐口的形状、细部尺寸和使用材料。屋面排水坡度为 2%,采用材料找坡,各层构造做法在建筑设计总说明中以文字的形式表示。平屋顶的屋面排水坡度有两种做法:一种是建筑找坡,即将屋面板平铺,然后在结构层上用建筑材料铺填成需要的坡度,这幢办公楼的屋面排水坡度就是采用这种方法;另一种是结构找坡,即将支承屋面板的结构构件筑成需要的坡度,然后在其上铺设屋面板。砖砌的女儿墙上有钢筋混凝土压顶,厚80 mm。

(4) 从中间窗顶、窗台节点可知,窗户居墙中,窗顶面紧贴梁底,三层窗户上方的梁因为立面造型的需要,将梁挑出 250 mm。每层窗户在梁底面粉出了滴水槽口,以免雨水渗入下面的墙身。

（5）图中底层被剖切到是玻璃门，由于此门为建筑的主要出入口，为方便人流的进出，将门上的框架梁挑出，并在挑出的尽端上翻700 mm，并配合立面造型的需要做成"["形。

（6）在外墙身详图中，一般应标注出各部位的标高、高度方向和墙身细部的尺寸。图中标注有室内外地面、各层楼面、屋面、女儿墙顶面、各层窗洞上下口的标高及相应的竖向尺寸，墙厚和散水的宽度尺寸、窗台外挑部分的尺寸等细部尺寸就近标出。

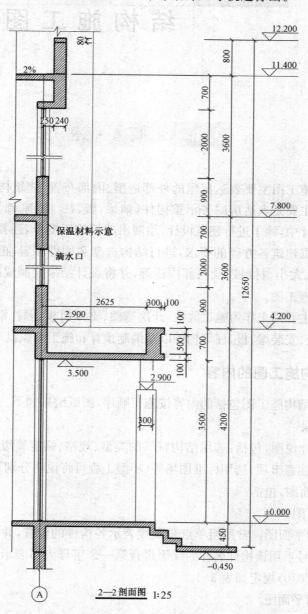

图 2-31 外墙剖面详图

第3章 结 构 施 工 图

3.1 概 述

房屋的建筑施工图主要表达房屋的外部造型、内部布置、建筑构造和内外装修等内容，而结构施工图则主要是表达房屋各承重构件（如梁、板、柱、墙、基础等）的布置、结构构造等内容。在房屋设计中，除了进行建筑设计、绘制出建筑施工图外，还要进行结构设计，绘制出结构施工图。根据建筑各方面的要求，进行结构选型和构件布置，再通过力学计算，确定各承重构件的形状、大小、材料以及内部构造等，并将设计结果绘制成图样，用以指导施工，这种图样称为结构施工图。

结构施工图主要用来作为施工放线、开挖基槽、支撑模板、绑扎钢筋、设置预埋件和预留孔洞、浇灌混凝土、安装梁、板、柱等构件以及编制预算和施工组织设计等的依据。

3.1.1 结构施工图的内容

一套完整的结构施工图包括的内容按施工顺序，图纸编排如下：

（1）图纸目录

（2）结构设计说明，包括：选用结构材料的类型、规格、强度等级；地基情况（包括地基土的耐压力）；施工注意事项；选用标准图集等（小型工程可将说明分别写在各图纸上）。

（3）结构平面图，包括：

① 基础平面图。

② 楼层结构平面图。常用粗单点长画线表示各构件的位置，并用代号表示各构件的名称。常用构件代号系用该构件名称的汉语拼音第一个字母大写表示。《建筑结构制图标准》（GB/T 50105—2010）规定如表 3-1。

③ 屋面结构平面图。

（4）构件详图

① 梁、板、柱及基础结构详图。若图幅允许，基础详图与基础平面图应布置在同一张图纸内，否则应画在与基础平面图连续编号的图纸上。

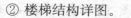

② 楼梯结构详图。

③ 屋面构件或屋架结构详图。

④ 其他详图，如天沟、雨篷、过梁等。

表 3-1　　　　　　　　　常用构件代号

序号	名称	代号	序号	名称	代号	序号	名称	代号
1	板	B	15	吊车梁	DL	29	基础	J
2	屋面板	WB	16	圈梁	QL	30	设备基础	SJ
3	空心板	KB	17	过梁	GL	31	桩	ZH
4	槽形板	CB	18	连系梁	LL	32	柱间支撑	ZC
5	折板	ZB	19	基础梁	JL	33	垂直支撑	CC
6	密肋板	MB	20	楼梯梁	TL	34	水平支撑	SC
7	楼梯板	TB	21	檩条	LT	35	梯	T
8	盖板或沟盖板	GB	22	屋架	WJ	36	雨篷	YP
9	挡雨板或檐口板	YB	23	托架	TJ	37	阳台	YT
10	吊车安全走道板	DB	24	天窗梁	CJ	38	梁垫	LD
11	墙板	QB	25	框架	KJ	39	预埋件	M
12	天沟板	TGB	26	钢架	GJ	40	天窗端壁	TD
13	梁	L	27	支架	ZJ	41	钢筋网	W
14	层面梁	WL	28	柱	Z	42	钢筋骨架	G

注：预应力钢筋混凝土构件代号，应在构件代号前加注"Y-"，如 Y-KB 表示钢筋混凝土空心板。

3.1.2　结构施工图的图示特点

（1）用沿房屋防潮层的水平剖面图来表示基础平面图；用沿房屋每层楼板面的水平剖面图来表达相应各层楼层结构平面图；用沿屋面承重层的水平剖面图来表示屋面结构平面图。

（2）用单个构件的正投影图来表达构件详图。即将逐个构件绘出其平面图、立面图及其相应断面图和材料明细表等，一些复杂构件还要绘出模板图、预埋件图等，这种图示法在工程中重复量较大，易出错，且不便于修改。

（3）用双比例法绘制构件详图，即在绘制构件详图时，构件轴线按一种比例绘制，而构件上的杆件、零件则按另一种比例（比轴向比例大一些）绘制，以便清晰地表达节点细节。

（4）结构施工图中，钢筋混凝土构件的立面图和断面图上，轮廓线多用中或细实线画出，图内不同材料图例，以便表达钢筋的配置状况，多用粗实线表示钢筋的长度方向（立面形状）和黑网点表示钢筋的断面。

（5）结构施工图中采用多种图例来表达：如板的布置、楼梯间的表示等。

3.1.3　结构施工图读图方法

传统的结构施工图读图方法是：先看文字说明，再读基础平面图、基础结构详图；然后读楼层结构平面图、屋面结构平面图;最后读构件详图。对于构件详图,读图时先看图名,再看立面图和断面图,后看钢筋详图和钢筋表。当然与建筑施工图一样这些步骤不是孤立的,而是要经常互相联系进行阅读。读构件详图时,应熟练运用投影关系、图例符号、尺寸标注及比例,读懂空间形状,联系该构件名称和结构平面图中的标注,了解该构件在房屋中的部位和作用,联系尺寸和样图索引符号了解该构件大小和构造、材料等有关内容。

3.2　钢筋混凝土结构图

3.2.1　钢筋混凝土结构简介

钢筋混凝土是土木工程中应用极为广泛的一种建筑材料。它由钢筋和混凝土组合而成,主要是利用混凝土的抗压性能以及钢筋的抗拉性能。

混凝土是由水泥、砂、石子和水按一定比例配合搅拌而成,把它灌入定形模板,经振捣密实和养护凝固后就形成坚固如同天然石材的混凝土构件。作为混凝土基本强度指标的立方强度是指用边长为 150 mm 的标准立方体试块在标准养护室(温度 20°±3℃,相对湿度不小于 90%)养护 28 d 以后,用标准方法所测得的抗压强度,称为混凝土强度等级,例如 20 N/mm 的混凝土称为混凝土强度等级为 C20。规范规定的混凝土强度等级有:C15,C20,C25,C30,C35,C40,C45,C50,C55,C60,C65,C70,C75,C80 共 14 个等级。

混凝土构件的抗压性能好,但抗拉性能差,受拉容易断裂。钢筋的抗压和抗拉能力都很好,但价格较贵,且易腐蚀。为了解决这一矛盾,充分发挥混凝土的抗压能力,常在混凝土的受拉区域或相应部位加入一定数量的钢筋,使这两种材料有机地结合成一个整体,共同承受外力,这种配有钢筋的混凝土,称为钢筋混凝土。用钢筋混凝土制成的构件,称为钢筋混凝土构件。

如图 3-1 表示的是梁的受力示意图。图 3-1(a)表示的是素混凝土(不含有钢筋的混凝土)梁,图 3-1(b)表示的是钢筋混凝土梁。梁在承受向下的荷载作用下,表现为下部受拉,上部受压。素混凝土梁,由于抗拉能力差,容易断裂。

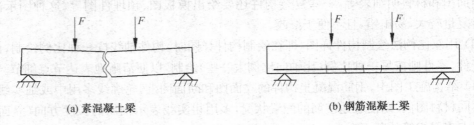

(a) 素混凝土梁　　　　　　　　　　(b) 钢筋混凝土梁

图 3-1　梁的受力示意图

钢筋混凝土构件,如果是在施工现场直接浇筑的,称为现浇钢筋混凝土构件;如果是在施工现场以外预先制作的,称为预制钢筋混凝土构件。此外,有一些钢筋混凝土构件,在制作时通过张拉钢筋预先对混凝土施加一定的压力,以提高构件的抗拉和抗裂性能,这种构件称为预应力钢筋混凝土构件。

1. 钢筋的分类、等级和符号

钢筋按其产品材料性能不同,分别给予不同的代号,以便标注和识别。常用钢筋品种代号见表3-2。

表3-2 常用钢筋符号

钢筋品种	代号	直径 d/mm	强度标准值 f_{yk}/(N/mm²)	说明
HPB300	Φ	6～22	300	强度等级为300 MPa的热轧光圆钢筋
HRB335	Φ	6～50	335	强度等级为335 MPa的普通热轧带肋钢筋
HRB400	Φ	6～50	400	强度等级为400 MPa的热轧带肋钢筋
RRB400	Φᴿ	6～50	400	强度等级为400 MPa的余热处理带肋钢筋

2. 钢筋在构件中的作用

图3-2(a)和图3-2(b)分别是钢筋混凝土梁和钢筋混凝土预制板的构造示意图。它们是由钢筋骨架和混凝土结合成的整体。该骨架采用各种形状钢筋用细铁丝绑扎或焊接而成,并被包裹在混凝土中。其他类型的钢筋混凝土构件的构造,与梁板基本相同。配置在其中的钢筋,按其作用可分为下列几种。

(1)受力筋——受拉、压应力的钢筋,用于梁、板、柱等各种钢筋混凝土构件。梁、板的受力钢筋还分为直筋、弯起筋两种,弯起角度一般有30°,45°和60°。

(2)箍筋——固定各钢筋位置并承受剪力,多用于梁、柱内。

(3)架立筋——用以固定梁内箍筋位置,构成梁内的钢筋骨架。

(4)分布筋——一般用于钢筋混凝土板,用以固定受力筋的位置,使荷载分布给受力筋并防止因混凝土收缩和温度变化出现裂缝。

(5)构造筋——因构件构造要求或施工安装需要而配置的钢筋。如腰筋、预埋锚固筋、吊环等。

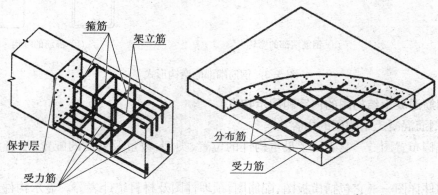

(a) 钢筋混凝土梁   (b) 钢筋混凝土板

图3-2 钢筋混凝土梁板配筋示意图

3. 钢筋的保护层和弯钩形式

为了保证钢筋与混凝土有一定的黏结力（握裹力），同时为防腐、防火，构件中的钢筋不能裸露，要有一定厚度的混凝土作为保护层。各种构件的混凝土保护层厚度应按表 3-3 选取。

表 3-3　　　　　　　　　　混凝土保护层最小厚度　　　　　　　　　　单位：mm

环境条件	构件类别	混凝土强度等级		
		≤C20	C25 及 C30	≥C35
室内正常环境	板、墙、壳梁和柱	15		
		25		
露天或室内高湿度环境	板、墙、壳梁和柱	35	25	15
		45	35	25

钢筋两端有带弯钩和不带弯钩两种，表面光圆钢筋（一般为 HPB300 钢筋）带弯钩，以加强钢筋与混凝土的握裹力，避免钢筋在受拉时滑动；表面带纹路（螺纹、人字纹）钢筋与混凝土的黏结力强，两端一般不带弯钩。钢筋端部的弯钩形式有半圆弯钩、直弯钩、斜弯钩，常用弯钩如图 3-3 所示。

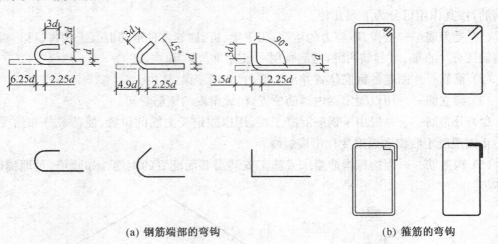

(a) 钢筋端部的弯钩　　　　　　　　　　　　(b) 箍筋的弯钩

图 3-3　钢筋端部的弯钩形式

4. 钢筋混凝土结构图的内容和图示特点

（1）钢筋混凝土结构图的内容

① 结构布置图——它表示了最重构件的位置、类型、数量及钢筋的配置（后者用于现浇板）。

② 构件详图——它包括模板图、配筋图、预埋件图及材料统计表等。显示构件外形及预埋件的位置的投影图称为模板图。显示混凝土内部钢筋的配置（包括钢筋的品种、直径、形状、位置、长度、数量及间距等）的投影称为配筋图。对于外形比较简单或预埋件较少的构件，常将模板图和配筋图合二为一表示为模板配筋图，也可简称为配筋图。

（2）钢筋混凝土结构图的图示特点

① 为了表达混凝土内部的钢筋，假想混凝土是透明体，使包含在混凝土中的钢筋成为"可见"，这种图称为配筋图。

② 在构件投影图中，为了突出钢筋配置情况国标规定，构件轮廓线用中或细实线表示，钢筋用粗实线和黑圆点（钢筋断面）表示；不可见的钢筋用粗虚线表示，预应力钢筋用粗双点画线表示。钢筋的表示方法应符合表3-4～表3-7的规定。

表 3-4　　　　　　　　　　　一般钢筋常用图例

序号	名称	图例	说明
1	钢筋横断面	●	下图表示长短钢筋投影重叠时可在短钢筋的端部用45°短画线表示
2	无弯钩的钢筋端部		
3	带半圆形弯钩的钢筋端部		
4	带直钩的钢筋端部		
5	带丝扣的钢筋端部		
6	无弯钩的钢筋搭接		
7	带半圆弯钩的钢筋搭接		
8	带直钩的钢筋搭度		
9	套管接头		

表 3-5　　　　　　　　　　　预应力钢筋

序号	名称	图例
1	预应力钢筋或钢绞线，用粗双点画线表示	
2	在预留孔道或管子中的后张法预应力钢筋的断面	
3	预应力钢筋断面	
4	张拉端锚具	
5	固定端锚具	
6	锚具的端视图	

表 3-6   焊接网

序号	名称	图例
1	一张网平面图	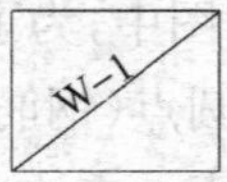
2	一排相同的网平面图	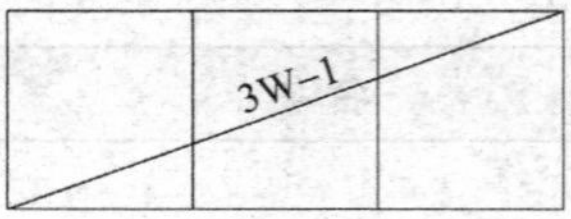

表 3-7   钢筋画法

序号	名称	图例
1	在平面图中配置双层钢筋时,底层钢筋弯钩应向上或向左,顶层钢筋则向下或向右	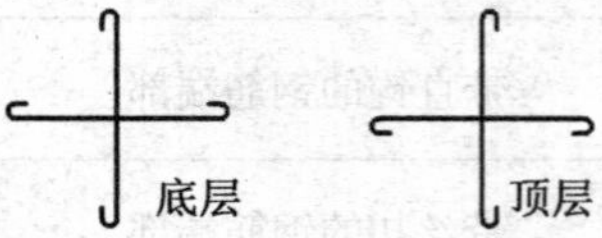 底层 顶层
2	配双层钢筋的墙体,在配筋立面图中,远面钢筋的弯钩应向上或向左,而近面钢筋则向下或向右(JM:近面;YM:远面)	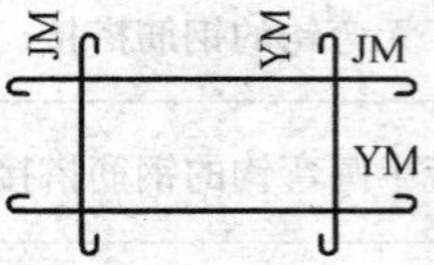 JM YM JM / YM
3	如在断面图中不能表示清楚钢筋布置,应在断面图外面增加钢筋打样图	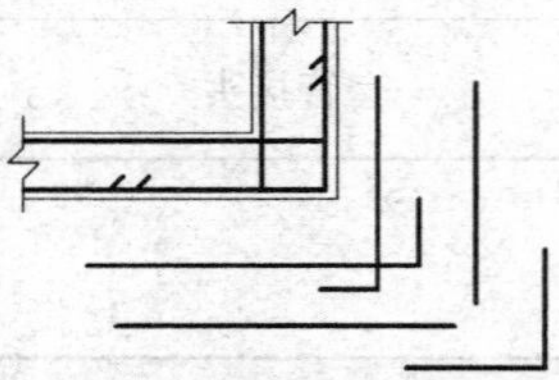
4	图中所表示的箍筋、环筋,如布置复杂,应加画钢筋打样及说明	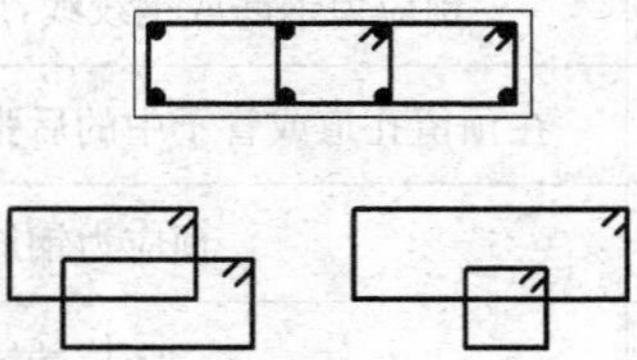
5	每组相同的钢筋、箍筋和环筋,可以用粗实线画出其中一根来表示,同时用一横穿的细线表示其余的钢筋、箍筋或环筋,横线的两端带斜短划表示该号钢筋的起止范围	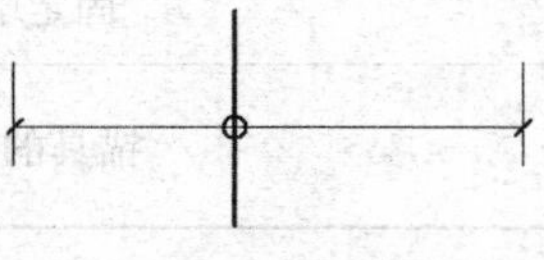

③ 钢筋的标注方式。钢筋的标注应包括钢筋的编号、数量或间距、代号、直径及所在位置,通常应沿钢筋的长度标注或标注在有关钢筋的引出线上。梁、柱的箍筋和板的分布筋一般应注出间距,不注数量。只要钢筋的品种(代号)、直径、形状、尺寸有一项不同,就应另编一个号,编号注在直径为 4~6 mm 的圆圈内。具体标注如图 3-4 所示,①4Φ22 表示编号为 1 的钢筋是 4 根直径为 22 mm 的 HRB335 钢筋;④Φ8@200 表示编号为 4 的钢筋直径是 8 mm 的 HPB300 钢筋,每隔 200 mm 布置一根。

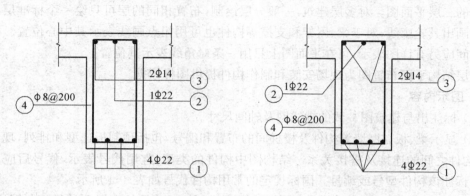

图 3-4　钢筋的编号方式

④ 当结构构件纵横向断面尺寸相差悬殊时,可在同一详图中选用不同的纵横向比例。

⑤ 构件配筋较简单时,可采用局部剖切的方式在其模板图的一角绘出断开界线,并绘出钢筋布置,如图 3-5 所示。

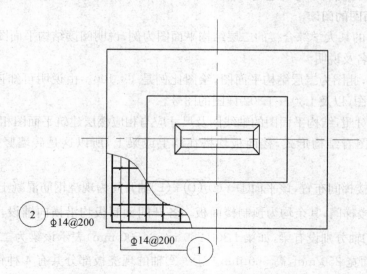

图 3-5　配筋图的简化画法

3.2.2　结构平面布置图

结构平面图是表示建筑物各构件平面布置的图样。分为基础平面图、楼层结构平面布置图、屋面结构平面布置图。

1. 图示方法及作用

楼层结构平面布置图是假想沿楼板将房屋水平剖开后,移去上部,把剩下的部分(下一层以上的部分)向 H 面投射,以显示该层的梁、板、柱和墙等承重构件的平面布置及现浇板的构造与配筋,便得到该楼层的结构平面布置图。该层的非结构层构造如楼面做法、顶棚做法、墙身内外表面装修等,都不在结构图中表示,而是放在建筑图中。图 3-6 所示为某大学综合楼的二层平面图。对多层建筑,一般分层绘制,布置相同的层可只绘一个标准层。构件一般应画出其轮廓线,对于梁、屋架和支撑等构件也可用粗点画线表示其中心位置。楼梯间及电梯间应另有详图表示,可在平面图上只用一条对角线表示其位置。

楼层结构平面布置图为现场安装和制作构件提供图样依据。

2. 图示内容

(1) 标注出与建筑图一致的轴线网及轴间尺寸。

(2) 显示梁、板、柱、墙等构件及楼梯间的布置和编号,包括预制板选型和排列,现浇板的配筋,构件之间的连接及搭接关系。结构图中构件的类型,宜用代号表示,代号后应用阿拉伯数字标注该构件型号或编号。国标规定的常用构件代号如表 3-1 所示。

(3) 注明圈梁(QL)、过梁(GL)、雨篷(YP)和阳台(YT)等的布置和编号。若图线过多,构造又比较复杂时,可与楼面布置图分离,单独画出它们的布置图。

(4) 注出楼面标高和板底标高及梁的断面尺寸。

(5) 注出有关剖切符号、详图索引符号。

(6) 附说明,在说明中写明选用的标准图集和材料标号等一些图中未显示的内容。

3. 结构平面图的阅读

现以图 3-6 的某大学综合楼的二层结构平面图为例,说明阅读结构平面图的方法。

(1) 先看图名及说明。

由图名可知,此图为二层结构平面图,绘图比例是 1：100。由说明可知该层楼面板、过梁所选用的标准图,以及 L301、L302 详图的图号。

(2) 为方便对照,结构平面图的轴线网及尺寸应与相应楼层建筑平面图相吻合。

(3) 从整体图看结构形式,楼面板均搭在墙上或梁上,所以这是砖墙竖向承重的砌体结构。

(4) 梁、板、楼梯间布置,该平面①—②/Ⓓ—Ⓔ轴开间为现浇钢筋混凝土楼面,⑤—⑥/Ⓓ—Ⓔ开间为楼梯间,其余均为预制楼面板。各开间预制板均沿横向铺设,走道沿纵向铺设。在④、⑤、Ⓔ轴分别设有梁,如梁 L301(250 mm×500 mm)表示该梁为二层楼面上编号为①的梁,其断面宽 250 mm,高 500 mm。①—②轴的现浇板部分共有 4 种钢筋,图中标有每一编号的钢筋尺寸,从每一编号钢筋的标注中可知其配置情况,如①Φ10@100 表示①号钢筋是 HPB235 钢筋、直径为 10 mm,每隔 100 mm 布置一根。预制板部分有甲、乙、丙 3 种铺设开间及走道板铺设,如①—②/Ⓐ—Ⓒ轴为乙种铺设开间,用一条对角线表示其铺设区域,从对角线上的标注可知板的类型、尺寸及数量。标注方式应遵守相应的标准图集。本图预制板是选用某省通用图,其标注方式如下:如 3KB33-102 表示 3 块预应力多孔板,跨度为

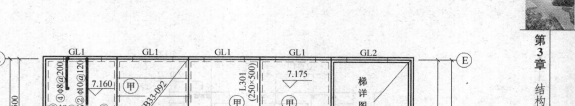

某大学综合楼结构平面布置图 1:100

说明：

1.预应力钢筋混凝土多孔板KB36-092、KB36-102、KB33-092、KB33-102、KB21-122,选自某省通用图、其节点构造详图见该通用图；

2.过梁GB1-GL4分别选自国标G322中的GLA7151、GLA7181、GLA4101、GLA7121；

3.L301、L302详图见图G7。

图 3-6　某大学综合楼结构平面布置图

3300 mm,宽 1000 mm,其荷载等级为 2 级。从图中标注可知乙种开间铺设了两种板,3 块 1000 mm 宽和 2 块 900 mm 宽,跨度均为 3300 mm、2 级荷载的预应力多孔板。乙种开间在图中共有 4 个。

（5）圈梁、过梁等的布置。从图 3-6 中可知该楼板以下,一层楼面以上布置了过梁 GL1～GL4,每种过梁位置(准确尺寸见建筑图的二层平面图)和总根数可以从图中得知,如 GL1 共有 8 根。

（6）标高。板底标高 7.060 m,现浇板面标高为 7.160 m,预制板面标高为 7.175 m。

4. 绘图步骤

（1）选比例和布图。比例一般采用 1：100,现浇板比例可用 1：50,通常选用与相应建筑平面图一致的比例。

（2）画出与对应的建筑平面图完全一致的轴线。

（3）定墙、柱、梁的大小位置,用中实线表示剖面或可见的构件轮廓线,如能表达清楚时,梁可用粗点画线表示,并用代号和编号标注出来。线宽比:粗:中:细是 b：$0.5b$：$0.25b$。

（4）画板的投影。

① 预制板的画法,在每一不同的铺设区域用一条对角线表示该区域的范围,并沿对角线上(或下)方写出板的数量和代号。板铺设相同的区域,只详细铺设一个,其余用如甲乙丙等分类符号表示,分类符号写在直径为 8 mm 或 10 mm 的细实线圆圈内。

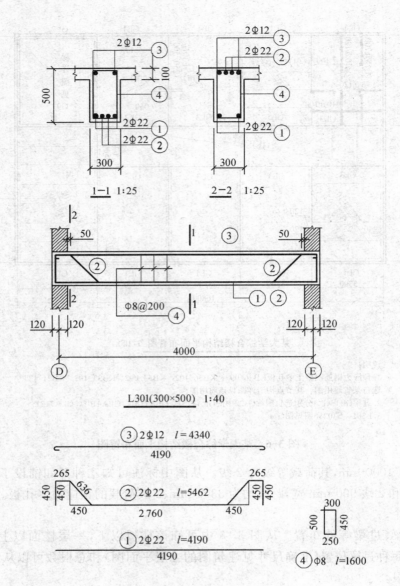

钢筋编号	简图	钢筋规格	钢筋长度/mm	根数	总长/m	重量/kg
①	———————	Φ22	4340	2	80680	25.59
②	⌐‾‾‾‾⌐	Φ22	5462	2	10.924	32.59
③	———————	Φ12	41900	2	8.380	7.44
④	▯	Φ8	1600	22	35.200	13.90

图 3-7 梁的结构详图

② 现浇板的画法，除了画出梁、柱、板、墙的平面布置外，主要应画出板的配筋图，表示受力钢筋的形状和配筋情况，并注明其编号、规格、直径、间距或数量等。每种规格的钢筋只画一根，按其立面形状画在钢筋安放的位置上。当配筋复杂时，在图中每一组相同的钢筋可用如图3-7所示的方式表示该号筋的起止范围。如图中有双层钢筋时，底层钢筋弯钩应向上或向左画出，顶层钢筋弯钩应向下或向右画出（见图3-7）。配筋相同的板，只需将其中一块的配筋画出，其余可在相应板的范围内注明相同板的分类符号。

③ 可用重合断面方式，画出板与梁或墙、柱的连接关系，并注出其板底的结构标高，如图3-7位于④轴线上的重合断面所示。

（5）画圈梁或过梁，用虚线表示其轮廓，也可用粗点画线表示其中心位置，并用代号表示。用一条对角线标出楼梯间范围，并注明楼梯间详图的图纸编号。

（6）应标注的尺寸是轴间距、轴全距、墙厚，板、梁和柱的尺寸（梁断面尺寸一般注在代号后）。

（7）附注必要的文字说明，写图名和比例。

3.2.3 构件详图

1．图示方法及作用

对于水平放置、中横向尺寸都比较大的构件，其详图通常用平面图表示，如图3-7中的现浇板部分。有时还可附以断面图表示构件配筋的竖向布置情况。对于比较细而长的构件，如梁、柱构件详图常用构件的立面图及横向断面图表示，如图3-7梁配筋图所示。这些图样的作用就是表示构件的外形、钢筋和预埋件布置，作为制作和安装构件的图样依据。

2．图示内容

以梁为例，来说明其图示内容。

（1）模板配筋图（简称配筋图）

① 立面图表示构件的立面轮廓、支撑情况、预埋件位置，并表示钢筋的立面形状及上下排列的位置，在图中，当箍筋均匀布置时，可只画出其中一部分投影。

② 断面图是构件的横向断面图，它表示出构件的上下和前后的排列、箍筋的形状与其他钢筋的连接关系。在构件断面形状或钢筋有变化处都应画出断面图（但不宜在斜筋段内截取断面），还应表示出预埋件的上下前后位置。

立面图和断面图都应注出相一致的钢筋编号及预埋件代号和留出规定的保护层厚度。

（2）钢筋详图

有时为了方便下料，还把各号钢筋"抽出来"，画成钢筋详图，通常在立面图的正下方用同一比例画出每种编号的钢筋各一根，并从构件的最上部的钢筋开始，依次向下排列。在钢筋线上方标注出其编号、根数、品种、直径及下料长度。下料长度等于各段之和。

（3）钢筋表

为便于施工和统计用料，还可在图纸内或另页列出钢筋表，钢筋表的形式如图 3-7 所示，也可根据需要增减若干统计项目。

3. 结构详图的阅读

现以图 3-7 所示的梁的结构详图为例说明其读图方法。

（1）读图名

由立面图图名可知这是三层楼面上第 1 号梁，断面宽 300 mm，高 500 mm。立面图用 1：40 比例绘制。该构件详图由一个立面配筋图和两个断面配筋图、钢筋详图及钢筋表组成。

（2）配筋图

把 L301 的立面图和 1—1、2—2 断面图对照阅读，这是一个钢筋混凝土单跨梁。该梁断面宽度 300 mm，高 500 m，全长 4240 mm，两端分别搭在 Ⓓ 和 Ⓔ 轴砖墙上。梁下部配置了 4 根受力筋，其中在中间的两根②号筋为弯起筋，它们的纵向形状在立面图显示出来，弯起角度为 45°。从断面图标注可知，①、②号筋分别是直径为 22 mm 的 HRB335 钢筋。梁上部配置了两根编号为③的架立筋，为直径 12 mm 的 HPB300 钢筋。同时由断面图可知④号筋为箍筋，矩形，两端带有 135°弯钩。由立面图标注可知，④号筋为直径 8 mm 的 HPB300 钢筋，沿梁全长每隔 200 mm 放置一根。

（3）钢筋详图

为了便于下料，常常把各号钢筋"抽出来"，在配筋立面图的下方画出钢筋详图。如图 3-7 所示，钢筋详图位于配筋图的下面，从构件中最上部的钢筋开始，依次向下排列，并和立面图中的同号钢筋对齐；同一号只画一根，在钢筋线上标注出钢筋的编号、根数、钢筋品种、直径及下料长度 L。下料长度等于各段长度之和，如③号钢筋因两端有弯钩，180°弯钩为 6.25 倍钢筋直径。其下料长度等于梁构造长度减去两端保护层（25 mm）的厚度，再加上两端的半圆弯钩长度，所以 $L = 4240 - (25 \times 2) + 6.25 \times 12 \times 12 = 4340$ mm。

（4）钢筋表

图 3-7 中列出了 L301 的钢筋表，由此可以读出各号钢筋的形状、规格、长度、根数、总长和重量。

4. 绘图步骤

以梁为例介绍施工图的绘图步骤。

（1）确定图样数量、比侧、布置图样，配筋立面图应布置在主要位置上，其比例一般为 1：50、1：30 或 1：20。断面图可布置在任何位置上，并排列整齐，其比例可与立面图相同，也可适当放大。钢筋详图一般在立面图的下方，钢筋表一般布置在图纸右下角。

（2）画配筋立面图，定轴线，画构件轮廓、支座和钢筋（纵筋用粗线画，箍筋用中粗线画），用中虚线表示与现浇梁有关的板、次梁，标注剖切符号。

（3）画断面图，根据立面图的剖切位置，分别画出相应的断面图，先画轮廓，后画钢筋。表示钢筋断面的黑圆点位置要准确，与箍筋相邻时，要紧靠箍筋。

（4）画钢筋详图，其排列顺序与立面图中钢筋从上到下的排列顺序一致。

（5）标注钢筋，在钢筋引出线的端头画一直径 4～6 mm 的圆圈，编号写入其中，在引出线上标出钢筋的数量、品种和直径。引出线可转折，但要整齐，避免交叉。通常在断面图上详细标注钢筋，在钢筋详图中，直接标注在钢筋线上方。

（6）标尺寸、标高，立面图中应标注轴线间距、支座宽、梁高、梁长及弯起筋到支座边等尺寸。标注梁底、板面结构标高。断面图只标注梁高、宽尺寸。保护层厚度示意性的画出，且不注尺寸，而在文字说明中用文字写明。钢筋详图应注出各段长度、弯起角度（或弯起部分的长、高尺寸）及总尺寸。

<h2 style="text-align:center">3.3 基 础 图</h2>

基础是建筑物与土层直接接触的部分，是承受建筑物全部荷载的构件，并把荷载传给地基，是建筑物的一个组成部分。地基是基础下面的土层，承受由基础传来的整个建筑物的荷载。基坑是为基础施工而在地面开挖的土坑，坑底就是基础的底面。基坑边线就是施工时测量放线的灰线（用石灰在地面上按 1∶1 绘制的线称灰线）。从室内地面±0.000 到基础底面的高度称为基础的埋置深度。

常见的基础形式有条形基础（即墙基础）和独立基础（即柱基础），如图 3-8 所示。条形基础埋入地下的墙称为基础墙。当采用砖墙和砖基础时，在基础墙和垫层之间做成阶梯形的砌体，称为大放脚。图中垫层上面是三层大放脚，每层高 120 mm（即两皮砖），伸出宽60 mm。独立基础又称单独基础也即柱下基础，一般用于工业厂房和公共建筑。

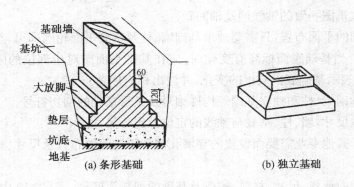

（a）条形基础　　　　　　　　（b）独立基础

图 3-8　常见的基础形式

3.3.1　图示方法和作用

为了把基础表达清楚，假想用贴近平行首层地坪的平面，把整个建筑物切断，去掉上部，只剩下基础，再把基础周围的土体去掉，使整个基础裸露出来。

基础平面图,是将裸露的基础向 H 面投射得到的俯视图。如图 3-9 所示。

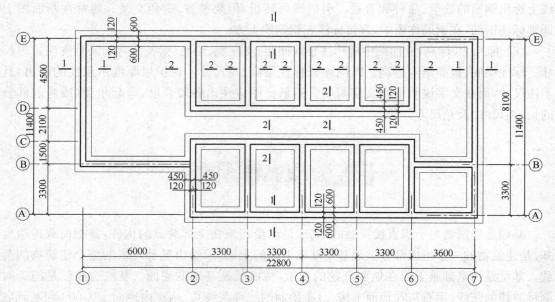

图 3-9　条形基础平面图

基础详图,是将基础垂直切开所得到的断面图。对于独立基础,有时还附单个基础的平面详图。

基础图是在房屋施工过程中,放灰线、挖基坑和砌筑基础的图样依据。

3.3.2　图示内容

1. 基础平面图

（1）标出与建筑图一致的轴线网及轴间距。

（2）表达基础的平面布置,只需要画出基础墙、柱及基底平面轮廓即可,至于基础的细部轮廓都省略不画。当基础底面标高有变化时,应在基础平面图对应部位的附近画出一段基础的纵断面图,以表示基础底面高度的变化,并注出相应标高。

（3）标注出基础梁、柱和独立基础等构件编号及条形基础的剖切符号。

（4）标注轴线尺寸,墙、柱、基底与轴线的定位及定形尺寸。

（5）表达由于其他专业需要而设置的穿墙孔洞和管沟等的布置及尺寸、标高等。

2. 基础详图

（1）表达基础的形状、尺寸、材料、构造及基础的埋置深度等。图 3-10 中的 1—1 断面图为条形基础的内外墙详图。

（2）标注与基础平面图相对应的轴线、各细部尺寸、基底及室内外标高。

3. 施工说明

主要说明基础所用的各种材料、规格及一些施工技术要求。这些说明可写在结构设计说明中,也可写在相应的基础平面图和基础详图中。

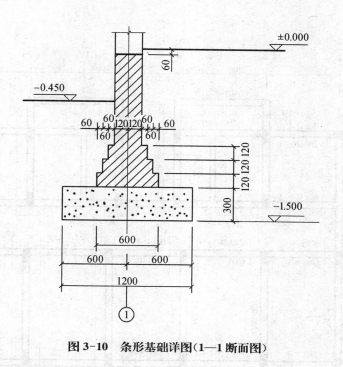

图 3-10　条形基础详图(1—1 断面图)

3.3.3　基础图的阅读

1. 条形基础

（1）基础平面图

图 3-9 为某栋以砖墙承重的房屋基础平面图。从图中可看出该房屋基础是沿着承重墙布置的条形基础。与该建筑平面图的轴网布置相同,轴线间总长 20.1 m,总宽 11.4 m。轴线两侧的中实线是剖切到的基础墙边线,细实线表达的是基础底边线。

以①轴外墙为例,墙厚 240 mm,基础底左右边线距离①轴分别为 600 mm,基础底的宽度为 1200 mm。基础平面图中有 2 个序号的剖切编号(1—1~2—2),说明共有两种不同的条形基础断面图(即基础详图),其中一种基底宽 1200 mm,一种基底宽 900 mm。

（2）基础详图

图 3-10 中 1—1 断面图表示的是①—⑦轴的外墙基础详图,该详图显示基础为砖基础,基础垫层为 1200 mm 宽,300 mm 高的素混凝土垫层,其上是砖砌大放脚,每层高 120 mm,两侧同时收入 60 mm。室外地坪标高-0.450 m,基础底面标高-1.500 m,在距离 0.000m 向下 60 mm 设一 1:2.5 水泥砂浆防潮层。

2. 独立基础

采用框架结构的房屋以及工业厂房的基础常用独立柱基础。图 3-11 是某住宅的基础平面图,图中涂黑的长方块是钢筋混凝土柱,柱外细线方框表示该独立柱基础的外轮廓线,基础沿定位轴线布置,分别编号为 ZJ1、ZJ2 和 ZJ3。基础与基础之间设置基础梁,以细线画出,它们的编号及截面尺寸标注在图的半部分。如沿轴①的 JKL1-1、JKL1-2 等,用以支撑在其上面的砖墙。

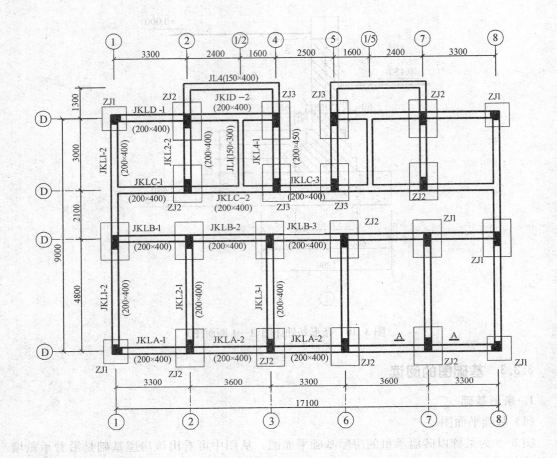

图 3-11　独立柱基础平面图

图 3-11 所示为独立基础详图 ZJ2,它由一个平面详图和 A—A 断面图组成,既是模板图,又是配筋图。对照两图阅读,可知该基础是四棱台形,基底 1600 mm×1200 mm,锥台高 600 mm,台顶面放出 50 mm 宽的台阶,以支撑混凝土柱的模板。柱断面尺寸 500 mm× 200 mm,基础下 100 mm 厚素混凝土垫层。从 A—A 图中可知地面标高-0.020m,基底标高-1.800m,其余细部尺寸如图 3-12 所示。

将 ZJ2 图中的局部剖面图与 A—A 断面图对照阅读可知基础底纵横向配置直径为 12 mm 的 HPB300 钢筋,间距 200 mm,编号为②。竖向配置与横向配置都为编号①的钢筋。柱内竖直配有编号为⑤的 4 根直径 16 mm 的 HRB335 钢筋,钢筋插基础内,又水平弯折。③号筋为柱箍筋,是直径为 8 mm 的 HPB300 钢筋,每隔 200 mm 布置 1 根。

基础的说明,如砖、砂浆和混凝土的强度等级,保护层厚度、钢筋搭接长度等,本图省略。

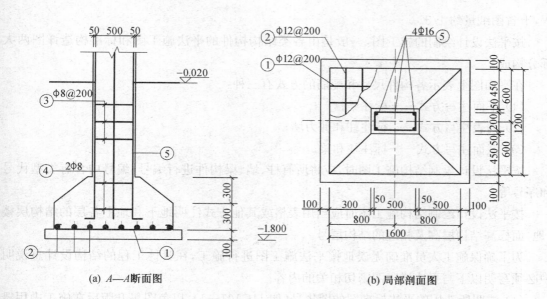

(a) A—A断面图　　　　　　　　　(b) 局部剖面图

图 3-12　独立基础详图

3.4　结构施工图平面整体表示法

3.4.1　概述

混凝土结构设计一般含有两部分工作内容：第一部分工作内容由设计者主导完成，具体为：①选定结构体系；②确定构件断面尺寸和材料；③荷载取值和统计；④结构计算；⑤根据计算结果和结合本人经验对构件配筋；⑥绘制结构施工图（包括书写结构设计说明）等。第二部分工作内容由设计者被导完成，具体为：①各构件的钢筋搭长与锚长值及常规构造详图；②抗震结构的梁柱构件箍筋加密区范围；③梁上部受力筋与净跨确定比值的长度值等。

传统的钢筋混凝土结构施工图表示法，即单件正投影表示法表达钢筋混凝土结构，由于分开表示的单个构件中均含有设计者主导和被导完成的两部分设计内容，因而图中含有大量的重复。这些重复从形式上可分为同值性重复和规律性重复两种。同值性重复与单件正投影表示法本身相关，规律性重复与设计者被导完成的设计内容相关。

由中国建筑标准研究所编制的《混凝土结构施工图平面整体表示方法制图规则和构造详图》（11G101—1）图集，从 2011 年 9 月 1 日起，作为国家建筑标准设计图集，在全国推广使用，旧图集（03G101—1）同时废止。

平面整体表示方法是把结构构件的尺寸和配筋等，整体直接表达在该构件（柱、梁、剪力墙）的结构平面布置图上，再配合标准构造详图，构成完整的结构施工图。它改变了传统的将构件从结构平面布置图中索引出来，再逐个绘制配筋详图的繁琐方法，大大简化了绘图过程,节省图纸量约 1/3。

按平法设计绘制的施工图,一般是由各类结构构件的平法施工图和标准构造详图两大部分构成。

在平面图上表示各构件尺寸和配筋的方式有三种:

(1)平面注写方式——标注梁;

(2)列表注写方式——标注柱和剪力墙;

(3)截面注写方式——标注柱和梁。

按平法设计绘制结构施工图时,应将所有柱、墙、梁构件进行编号,编号中含有类型代号和序号等。

按平法设计绘制结构施工图时应当用表格或其他方式注明地下和地上各层的结构层楼(地)面标高结构层高及相应的结构层号。

为了确保施工人员准确无误地按平法施工图进行施工,在具体工程的结构设计总说明中必须写明以下与平法施工图密切相关的内容。

(1)注明所选用的平法标准图的图集号(如 11G101—1),以免图集升版后在施工中用错版本。

(2)写明混凝土结构的使用年限。

(3)当有抗震设防要求时,应写明抗震设防烈度及结构抗震等级,以明确选用相应抗震等级的标准构造图。

(4)写明柱、墙、梁各类构件在其所在部位所选用的混凝土的强度等级和钢筋级别。

(5)当标准构造详图有多种可选择的构造做法时,写明在何部位选用何种构造做法。

(6)对混凝土保护层厚度有特殊要求时,写明不同部位的柱、墙、梁构件所处的环境类别。

该标准图集包括两大部分内容:平面整体表示法制图规则和标准构造详图。该方法适用于各种现浇钢筋混凝土结构的基础、柱、剪力墙、梁、板、楼梯等构件的施工图设计。下面对常用的板、梁、柱平法规则进行介绍。

3.4.2 板的配筋图画法

用板的平面配筋图表示板的配筋画法,即与传统一致。

3.4.3 梁的平法施工图

梁平面整体配筋图示在各结构层梁平面布置图上,采用平面注写方式或截面注写方式表达。

1. 平面注写方式

平面注写方式是在梁平面布置图上,分别在不同编号的梁中各选择一根梁,在其上按规则要求直接注写梁几何尺寸和配筋具体数值的方式来表达梁平面整体配筋图。

梁编号由梁类型代号、序号、跨数及有无悬挑梁代号几项组成。应符合表 3-8 的规定。如 KL2(2A)300×650 表示编号为 2 的框架梁,其截面宽 300 mm,高 650 mm,为非悬挑梁。

表 3-8   梁编号

梁类型	代号	序号	跨数及是否带有悬挑
楼层框架梁	KL	××	(××)、(××A)或(××B)
层面框架梁	WKL	××	(××)、(××A)或(××B)
框支梁	KZL	××	(××)、(××A)或(××B)
非框架梁	L	××	(××)、(××A)或(××B)
悬挑梁	XL	××	(××)、(××A)或(××B)
井字梁	JZL	××	(××)、(××A)或(××B)

注:(××A)为一端悬挑,(××B)为两端悬挑,悬挑不计入跨数。

梁的平面注写包括集中标注和原位标注两种。

(1) 集中标注

集中标注表示梁的通用数值,可以从梁的任何一跨引出。

集中标注部分的内容有四项必注值和一项选注值,必注值有梁的编号、截面尺寸、梁箍筋及梁上部贯通筋或架立筋根数。梁顶面标高为选注值,当梁顶面与楼层结构标高有高差时应注写。

图 3-13 所示为框架梁 KL2 的平面注写方式。图中φ8@100/200(2)2Φ25,表示该梁的箍筋为直径 8 mm 的 HPB300 钢筋;100/200 表示箍筋间距在加密区为 100 mm,非加密区200 mm;(2)表示箍筋为两肢箍;2Φ25 表示梁的上部贯通筋为 2 根直径 25 mm 的 HRB335钢筋。(−0.100)表示梁顶相对楼层标高低 0.100 m。

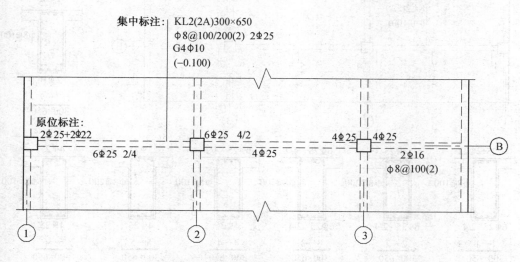

图 3-13 梁平面整体配筋平面注写方式

（2）原位标注

原位标注表示梁的特殊值。当集中标注中的某项数值不适用于梁的某部位时,则将法项数值原位标注,施工时原位标注取值优先。

（3）原位标注的部分规定

① 梁上部或下部纵筋(含贯通筋)多于一排时,用斜线"/"将各排纵筋自上而下分开。如图 3-13 所示,在①—②轴梁下中间段 6Φ25 2/4 为该跨梁下部配置的钢筋,表示上一排纵筋为 2Φ25,下一排纵筋为 4Φ25,全部伸入支座。

② 当同排纵筋有两种直径时,用加号"+"将两种直径的纵筋相连,角筋写在前面。如图 3-13 所示,在①轴梁上部注写的 2Φ25+1Φ22,表示梁支座上部有四根纵筋,2Φ25 放在角部,2Φ22 放在中部。

③ 当梁中间支座两边的上部纵筋相同时,可仅在支座的一边标注配筋值,另一边省去不注。如图 3-13 的②轴梁上端所示。

④ 当集中标注的梁断面尺寸、箍筋、上部贯通筋或架立筋,以及梁顶面标高之中的某一项(或几项)数值可适用于某跨或某悬挑部分时,则将其不同数值原位标注在该跨或该悬挑部分处,施工时,应按原位标注的数值有限取用。如图 3-13 所示,③轴右侧梁悬挑部分,下部标注Φ8@100,表示悬挑部分的箍筋通长都为Φ8 间距 100 mm 的两肢箍。

梁支座上部纵筋的长度则根据梁的不同编号类型,按"平法"标准中的相关规定执行。

2. 截面注写方式

截面注写方式——在分标准层绘制的梁平面布置图上,分别在不同编号的梁中各选一根梁用剖面号引出配筋图,并以其上注写截面尺寸和配筋具体数值的方式来表达梁平法施工图。在断面配筋详图上注写断面尺寸 $b \times h$,上部筋、下部筋、侧面筋和箍筋的具体数值。如图 3-14 所示框架梁 KL2 的截面注写方式。

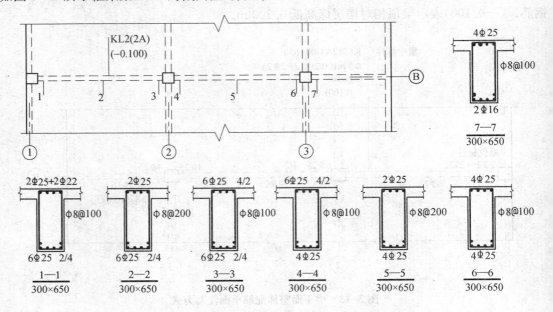

图 3-14　梁平面整体配筋截面注写方式

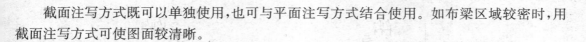

截面注写方式既可以单独使用，也可与平面注写方式结合使用。如布梁区域较密时，用截面注写方式可使图面较清晰。

3.4.4 柱的平法施工图

柱的平法施工图系在柱平面布置图上采用列表注写方式或截面注写方式表达。

在柱平法施工图中，应按规定注明各结构层的楼面标高、结构层高及相应的结构层号。

1. 列表注写方式

在柱平面布置图上，分别在同一编号的柱中选择一个或几个截面标注几何参数代号；在柱表中注写柱号、柱段起止标高、几何尺寸与配筋的具体数值，并配合以各种柱截面形状及其箍筋类型图的方式，来表达柱平法施工图。

柱表注写包括六项内容，规定如下。

（1）柱编号，柱编号由类型代号和序号组成，应符合表 3-9 的规定。

表 3-9 柱编号

柱类型	代号	序号	柱类型	代号	序号
框架柱	KZ	××	梁上柱	LZ	××
框支柱	KZZ	××	剪力墙上柱	QZ	××

（2）各段柱的起止标高，自柱根部往上以变截面位置或截面未变但配筋改变处为界分段注写。框架柱和框支柱的根部标高指基础顶面标高，梁上柱的根部标高指梁顶面标高。

（3）对于矩形柱，注写柱截面尺寸 $b \times h$ 及与轴线关系的几何参数代号 b_1、b_2 和 h_1、h_2 的具体数值，须对应于各段柱分别注写。

（4）柱纵筋。当柱纵筋直径相同，各边根数也相同时，将纵筋注写在"全部纵筋"一栏中；除此之外，柱纵筋分角筋、截面 b 边中部筋和 h 边中部筋三项分别注写。

（5）箍筋类型号及箍筋肢数。

（6）柱箍筋，包括钢筋级别、直径与间距。

图 3-15 为柱平面整体配筋图列表注写方式示例。

2. 柱的截面注写方式

在分标准层绘制的柱平面布置图的柱截面上，分别在同一编号的柱中选择一个截面，以直接注写截面尺寸和配筋具体数值的方式来表达柱平法施工图。在一个柱平面布置图上可用加小括号"（　）"和尖括号"〈　〉"来区分和表达不同标准层的注写数值。如图 3-16 所示为柱平面整体配筋图截面注写方式示例。

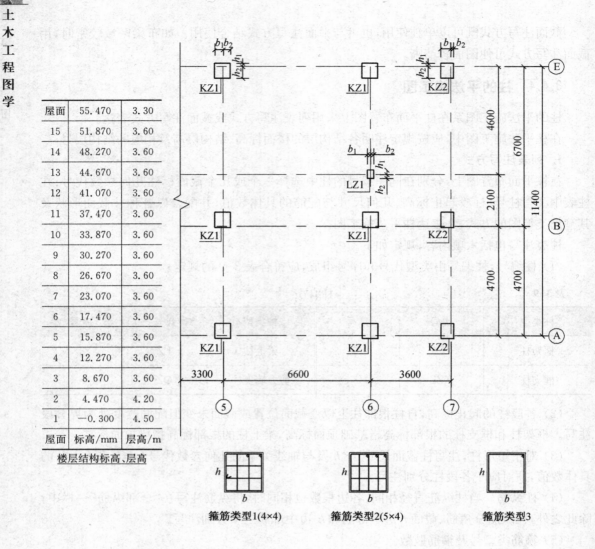

屋面	标高/mm	层高/m
屋面	55.470	3.30
15	51.870	3.60
14	48.270	3.60
13	44.670	3.60
12	41.070	3.60
11	37.470	3.60
10	33.870	3.60
9	30.270	3.60
8	26.670	3.60
7	23.070	3.60
6	17.470	3.60
5	15.870	3.60
4	12.270	3.60
3	8.670	3.60
2	4.470	4.20
1	−0.300	4.50

楼层结构标高、层高

箍筋类型1(4×4) 箍筋类型2(5×4) 箍筋类型3

柱号	标高	b×h	b_1	b_2	h_2	h_1	角筋	b边一侧中部筋	h边一侧中部筋	箍筋类型号	箍筋	备注
KZ1	−0.030～26.670	750×700	375	375	150	550	4Φ25	5Φ25	4Φ22	2	Φ10@100/200	采用焊接封闭箍
	26.670～55.470	650×600	325	325	150	450	4Φ25	5Φ22	4Φ22	1	Φ8@100/200	
KZ2	−0.030～26.670	650×600	325	325	150	450	4Φ25	5Φ25	4Φ25	1	Φ10@100/200	
	26.670～55.470	550×500	275	275	150	350	4Φ22	2Φ22	4Φ22	1	Φ8@100/200	

图 3-15 柱平面整体配筋图列表注写方式示例

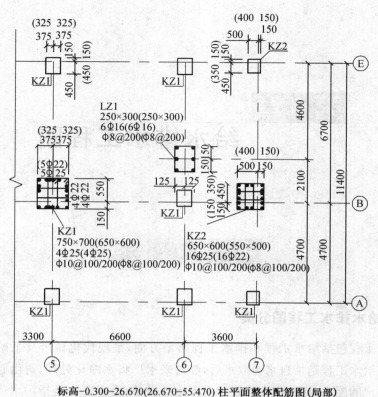

标高-0.300-26.670(26.670-55.470) 柱平面整体配筋图(局部)

KZ1、KZ2标高-0.300-26.670(26.670-55.470)均采用焊接封闭箍

图3-16 柱平面整体配筋图注写方式示例

第4章
给水排水工程图

4.1 概　　述

4.1.1　给水排水工程图分类

给水排水工程包括给水工程和排水工程两个方面,是现代化城市及工矿企业建设必要的市政设施。给水工程是指自水源取水后,经自来水厂将水净化处理,再由管道输配水系统把净水送往用户的配水龙头、生产装置和消火栓等设备;排水工程是指污水或废水由排泄工具输入室外污水窨井,再由污水管道系统排向污水处理厂,经处理后排入江河湖泊等工程。给水排水工程都由各种管道及其配件和水的处理、贮存设备等组成。

给水排水工程图按其作用和内容来分,有以下几种:

1. 室内给水排水工程图

此类图一般有管道平面布置图、管道系统轴测图、卫生设备或用水设备等安装图。室内给水、排水管道平面布置图主要是显示室内给水排水设备和给水、排水、热水等管道的布置。为了说明管道空间联系情况和相对位置,通常还把室内管网画成轴测图。它与平面布置图一起是室内给水排水工程图的重要图样。

2. 室外管道及附属设备图

为说明一个市区或一个厂(校)区或一条街道的给水排水管道的布置情况,就需要在该区的总平面图上,画出各种管道的平面布置,这种图称为该区的管网总平面布置图。有时为了表示敷设在室外地下的各种管道埋置深度及高程布置,还配以相应的管道的纵剖面图和横剖面图等。管道的附属设备图是指如管道上的阀门井、水表井、管道穿墙、排水管相交处的检查井等构造详图。

3. 水处理工艺设备图

这类图样是指自来水厂和污水处理厂的总平面布置图、高程布置图等。如水厂内各个构筑物和连接管道的总平面布置图;反映高程布置的流程图;还有取水构筑物、投药间、水泵房等单项工程平面图和剖面图等;另外还包括各种水处理构筑物,如沉淀池、过滤池、曝气池、消化池等全套图样。

4.1.2 相关规定

1. 图线

图线的宽度 b 应根据图纸的类别、比例和复杂程度，按《房屋建筑制图统一标准》(GB/T 50001—2010)中的规定选用。其中基本线宽 b 宜为 0.7 mm 或 1.0 mm。

给水排水专业制图常用的各种线型宜符合表 4-1 的规定。

表 4-1 线型

名　称	线　型	线　宽	用　途
粗实线		b	新设计的各种排水和其他重力流管线
粗虚线		b	新设计的各种排水和其他重力流管线的不可见轮廓线
中粗实线		0.75b	新设计的各种给水和其他压力流管线；原有的各种排水和其他重力流管线
中粗虚线		0.75b	新设计的各种给水和其他压力流管线及原有的各种排水和其他重力流管线的不可见轮廓线
中实线		0.5b	给水排水设备、零(附)件的可见轮廓线；总图中新建的建筑物和构筑物的可见轮廓线；原有的各种给水和其他压力流管线的可见轮廓线
中虚线		0.5b	给水排水设备、零(附)件的不可见轮廓线；总图中新建的建筑物和构筑物的不可见轮廓线；原有的各种给水和其他压力流管线的不可见轮廓线
细实线		0.25b	建筑的可见轮廓线；总图中原有建筑物和构筑物的可见轮廓线；制图中的各种标注线
细虚线		0.25b	建筑的不可见轮廓线；总图中原有建筑物和构筑物的不可见轮廓线
单点画线		0.25b	中心线、定位轴线
折断线		0.25b	断开界线
波浪线		0.25b	平面图中水面线；局部构造层次范围线；保温范围示意线等

2. 比例

(1) 给水排水专业制图常用的比例,宜符合表 4-2 的规定。

(2) 在管道纵断面图中,可根据需要对纵向与横向采用不同的组合比例。

(3) 在建筑给水排水轴测图中,如局部表达有困难时,该处可不按比例绘制。

(4) 水处理流程图、水处理高程图和建筑给排水系统原理图均不按比例绘制。

表 4-2　　　　　　　　　　　常用比例

名　　称	比　　例	备　　注
区域规划图 区域位置图	1∶50000、1∶25000、1∶10000 1∶5000、1∶2000	宜与总图专业一致
总平面图	1∶1000、1∶500、1∶300	宜与总图专业一致
管道纵断面图	纵向:1∶200、1∶100、1∶50 横向:1∶1000、1∶500、1∶300	
水处理厂(站)平面图	1∶500、1∶200、1∶100	
水处理构筑物、设备间、 卫生间、泵房平、剖面图	1∶100、1∶50、1∶40、1∶30	
建筑给排水平面图	1∶200、1∶150、1∶100	宜与建筑专业一致
建筑给排水轴测图	1∶150、1∶100、1∶50	宜与相应图纸一致
详图	1∶50、1∶30、1∶20、1∶10、1∶5、 1∶2、1∶1、2∶1	

3. 标高

给水排水工程图样中室内工程应标注相对标高;室外工程宜标注绝对标高,当无绝对标高资料时,可标注相对标高,但应与总图专业一致。压力管道(如生活给水管、热水给水管、热水回水管等)应标注管中心标高;明沟、暗沟、管沟及渠道和重力流管道宜标注沟(管)内底标高。

在下列部位应标注标高:

(1) 沟渠和重力流管道的起讫点、转角点、连接点、变坡点、变尺寸(管径)点及交叉点。

(2) 压力流管道中的标高控制点。

(3) 管道穿外墙、剪力墙和构筑物的壁及底板等处。

(4) 不同水位线处。

(5) 构筑物和土建部分的相关标高。

在建筑工程图中,为施工方便,管道也可注相对本层建筑地面的标高,标注方法为 $h+$ x. xxx,h 表示本层建筑地面标高,如 $h+0.250$ m。给水排水工程图样中标高的标注方法应符合图 4-1~图 4-4 所示的规定注法。

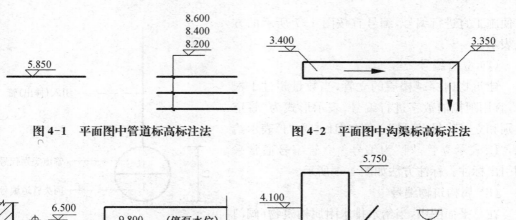

图 4-1 平面图中管道标高标注法 图 4-2 平面图中沟渠标高标注法

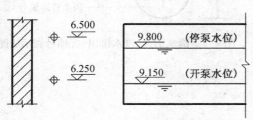

图 4-3 剖面图中管道及水位标高标注法

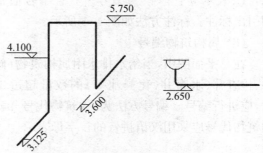

图 4-4 轴测图中管道标高标注法

4. 管径

给水排水工程图样中所有管道都应清晰地标注管道管径,管径应以 mm 为单位。管径的表达方式应符合以下规定:

（1）水煤气输送钢管（镀锌或非镀锌）、铸铁管等管材,管径宜以公称直径 DN 表示（如 DN15、DN50）。

（2）无缝钢管、焊接钢管（直缝或螺旋缝）、铜管、不锈钢管等管材,管径宜以外径 $D \times$ 壁厚表示（如 D108×4、D159×4.5 等）。

（3）钢筋混凝土（或混凝土）管、陶土管、耐酸陶瓷管缸瓦管等管材,管径宜以内径 d 表示（如以 d230、以 d380 等）。

（4）塑料管材,管径宜按产品标准的方法表示。

（5）当设计均用公称直径 DN 表示管径时,应有公称直径 DN 与相应产品规格对照表。

给水排水工程图样中管径的标注方法应符合图 4-5、图 5-6 所示的规定表示法。

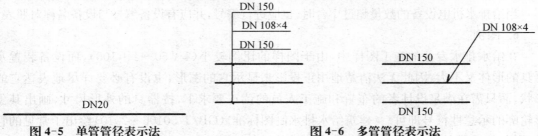

图 4-5 单管管径表示法 图 4-6 多管管径表示法

5. 编号

（1）进出口编号

当建筑物的给水进口（引入管）或排水出口（排出管）的数量超过 1 根时,为了标注清晰和

· 71 ·

方便施工宜进行编号,编号宜按图4-7所示的方法表示。

（2）立管编号

建筑物内穿越楼层的立管,当数量超过1根时,宜用阿拉伯数字进行编号,表示形式为"管道类别和立管代号-编号"。例如"JL-1","J"表示给水,"L"表示立管,"1"为编号。立管编号通常采用引出标注。标注方法如图4-8所示。

（3）属构筑物编号

在总平面图中,当给水排水附属构筑物(阀门井、检查井、水表井、化粪池等)的数量超过1个时,应进行编号。编号方法为:构筑物代号-编号。构筑物代号应采用汉语拼音的首字母表示。

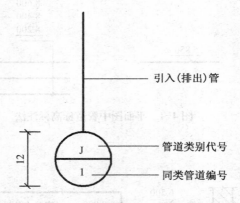

图4-7 给水引入(排水排出)管编号表示法图

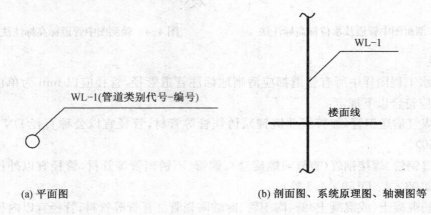

(a) 平面图   (b) 剖面图、系统原理图、轴测图等

图4-8 立管编号表示法

给水构筑物的编号顺序宜为:从水源到干管,再从干管到支管,最后到用户,按给水方向依次编写。

排水构筑物的编号顺序宜为:从上游到下游,先干管后支管,按排水方向依次编写。

当给排水机电设备的数量超过1台时,也应进行编号,并应有设备编号与设备名称对照表。

6. 图例

在给水排水专业的施工图样中,由于图样的比例较小(1:50～1:100),而设备装置及器具的形体又不大,因此无法清楚地用正投影来显示它的图形,也没有必要详尽地表达它的形状,而只需在满足设计者的布置和施工人员的读正要求下,按器具的外形尺寸,画出其象形轮廓的示意性符号即可。《建筑给水排水制图标准》(GB/T 50106—2010)绘出了常见的管道图例、管道附件图例、管道连接图例、管件图例、阀门图例、给水配件图例、消防设施图例、卫生设备及水池图例、小型给水排水构筑物图例、给水排水设备图例以及给水排水专用仪表图例。在绘制给水排水工程图时可直接选用。表4-3列出了一些常用的图例,如自设图例,应在图样上专门画出自设图例,并加以说明。

表 4-3　　　　　　常用图例

名　称	图　例	名　称	图　例
生活给水管	—— J ——	减压阀	
废水管	—— F ——	放水龙头	
污水管	—— W ——	室外消火栓	
雨水管	—— Y ——	室内消火栓（单口）	平面　系统
通气管	—— T ——	室内消火栓（双口）	平面　系统
热水给水管	—— RJ ——	水泵接合器	
热水回水管	—— RH ——	手提式灭火器	
消火栓给水管	—— XH ——	推车式灭火器	
管道立管	XL-1 平面　XL-1 系统	立式洗脸盆	
立管检查口		台式洗脸盆	
清扫口	平面　系统	浴盆	
通气帽	成品　铅丝球	污水池	
雨水斗	YD- 平面　YD- 系统	蹲式大便器	
圆形地漏		坐式大便器	
方形地漏		小便槽	
自动冲洗水箱		淋浴喷头	
存水弯		矩形化粪池	HC
闸阀		雨水口	单口　双口
三通阀		阀门井检查井	
止回阀		水表井	

4.2 室内给水排水工程图

室内给水是指自建筑物的给水引入管至室内各用水及配水设施段,称为室内给水系统。室内排水是指将室内各用水点使用后的污(废)水和屋面雨水排至室外的检查井、化粪池部分,称为室内排水系统。

4.2.1 室内给水系统

1. 室内给水系统的组成

室内给水系统一般由下列各部分组成,如图 4-9 所示。

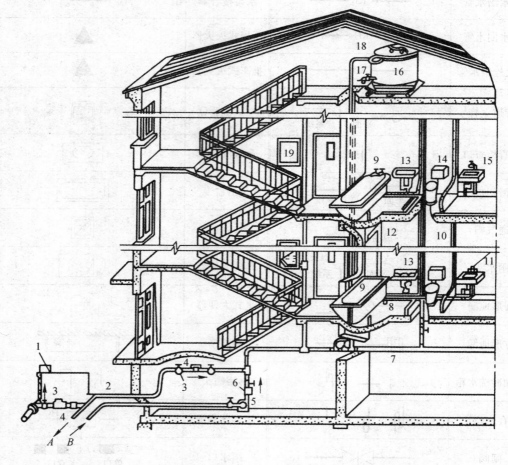

1—阀门井;2—引入管;3—闸阀;4—水表;5—水泵;6—止回阀;7—干管;
8—支管;9—浴盆;10—立管;11—水龙头;12—淋浴器;13—洗脸盆;14—大便器;
15—洗涤盆;16—水箱;17—进水管;18—出水管;19—消火栓;A—入贮水池;B—来自贮水池

图 4-9　建筑内部给水系统

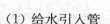

（1）给水引入管

室外（住宅小区、厂区、校区）给水管网与建筑物室内管网之间的连接管段，称为给水引入管，也称进户管。引入管通常采用埋地暗敷方式引入。

（2）水表节点

水表节点是安装在引入管上的水表及其前后设置的阀门及泄水装置的总称。水表及其前后的附件一般设在水表井中。水表用于记录用水量；阀门可以关闭管网，以便检修和拆换水表；泄水装置为检修时放空管网、检测水表精度及测定进户点压力值。

（3）给水管道

给水管道包括干管、立管和支管。

（4）配水装置和用水设备

如各类卫生器具和用水设备的配水龙头和生产、消防等用水设备。

（5）给水附件

管道系统中调节水量、水压，控制水流方向，以及关断水流，便于管道、仪器和设备检修的各类阀门。

（6）增压和贮水设备

当室外给水管网的水压、水量不能满足建筑用水要求，或要求供水压力稳定、确保供水安全可靠时，应根据需要，在给水系统中设置水泵、气压给水设备和水池、水箱等增压、贮水设备。

（7）室内消防设备

按照建筑物的防火等级要求，需要设置消防给水时，一般应设消火栓消防设备。有特殊要求时，还应专门设置自动喷洒消防或水幕消防设备。

2. 室内给水系统的给水方式

室内给水系统与室外给水管网的水压和水量的关系密切，室外水压及流量大，则室内无需加压，因此，按照有无加压和流量调节设备来分，有直接给水方式、设水泵和水箱的联合给水方式、分区给水方式等。

（1）直接给水方式

如图4-10所示，水经引入管、给水干管、给水支管由下向上直接供到各用水或配水设备。中间无任何增压贮水设备，水的上行完全靠室外给水管网的压力工作。这种供水方式适用于低层或多层建筑。其特点是：构造简单、经济，维修方便，且水质不易被二次污染。但这种供水方式对室外给水管网的水

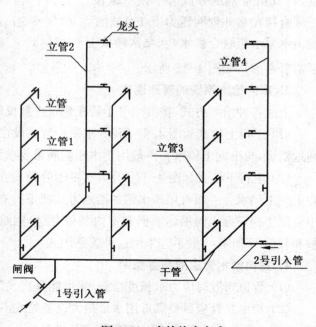

图4-10 直接给水方式

第4章 给水排水工程图

压要求较高,当室外给水管网的压力不足或处于用水高峰时,有可能造成高层用户供水中断。因此,只有当室外给水管网在任何时间内均能保证室内管网最不利配水点所需水压及水量时,直接供水方式才是安全可靠的。

(2) 设水泵和水箱的联合给水方式

当室外给水管网的压力低于或周期性低于室内给水管网所需水压,且室内给水管网的用水量又很不均匀时,宜采用设水泵和水箱的联合给水方式,如图 4-11 所示。这种供水方式由于水泵可及时向水箱充水,使水箱容积大为减小;又因水箱的调节作用,水泵出水量稳定,可以使水泵在高效率下工作;水箱如采用浮球继电器等装置,还可使水泵启闭自动化。这种供水方式特点是:技术上合理,供水可靠。但由于增加了水泵、水箱,造价相应提高,还因为增设了水箱,水质易被二次污染。

(3) 分区供水的给水方式

在高层建筑物中,当室外给水管网水压只能供到建筑物下面几层,而不能供到建筑物上层时,为了充分有效地利用室外管网的水压,常根据建筑物的高度,将其给水系统分成若干供水区段,下区直接在室外管网压力下工作,上区则由水泵水箱联合供水(水泵水箱按上区需要考虑),如图 4-12 所示。

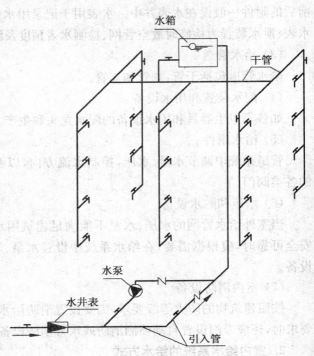

图 4-11 设水泵和水箱的联合给水方式

3. 室内给水系统的管路图式

上述各种给水方式,按其水平干管在建筑内敷设的位置分为:

(1) 下行上给式如图 4-10 所示,水平干管敷设在地下室天花板下、专门的地沟内或直接埋地敷设,自下向上供水。一般用于水压能满足要求无需加压的建筑物。

(2) 上行下给式如图 4-11 所示,水平干管敷设在顶层的天花板下、平屋顶上或吊顶中,自上向下供水。一般有屋顶水箱的给水方式或下行布置有困难时采用此种方式。其缺点是干管发生损坏漏水时损坏墙面和室内装修,维修困难,施工质量要求较高,因此没有特殊要求和敷设困难时,一般不宜采用这种管路图式。

4. 室内给水管道的布置原则

(1) 管道布置时应力求长度最短.尽可能呈直线走向,并与墙、梁、柱平行敷设。

(2) 给水立管应尽量靠近用水量最大设备处或不允许间断供水的用水处,以保证供水可靠,并减少管道传输流量,使大口径管道长度最短。

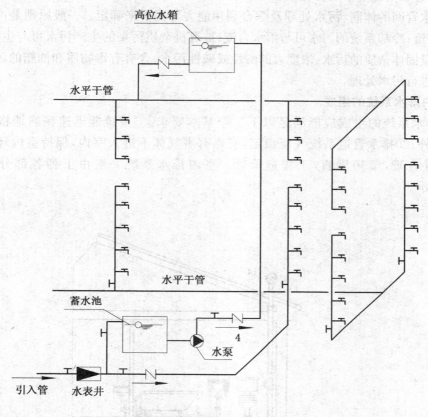

图 4-12 分区供水的给水方式

（3）一幢单独建筑物的给水引入管，应从建筑物用水量最大处引入。当建筑物内卫生用具布置比较均匀时，应在建筑物中央部分引入；以缩短管网向不利点的输水长度，减少管网的水头损失。

4.2.2 室内排水系统

1. 排水体制的分类

排水的主要任务就是排除生产、生活污水和雨水。由于各种污水水质不同，就需要用不同的管道系统来排除，这种将各种污水排除的方式称为排水体制。排水体制分为分流制和合流制两类。

（1）分流制

分流制就是将生产、生活污水（废水）和雨水用分别设置的管道单独排放的排水方式。分流制排水的主要优点是将不同污染的水单独排放，有利于对污水的处理。但分流制排水要耗用较多的管材，工程造价要高些。

（2）合流制

合流制是将生产、生活污水（废水）和雨水等两种或三种污水合起来，在同一根管道中排放。合流制排水的主要优点是排水简单，耗用的管材少，但对污水处理的难度大。

至于在什么情况下采用分流制排水，什么情况下采用合流制排水，则要根据污水的性质、室外排水管网的体制、污水处理及综合利用能力等因素来确定。一般原则是：生活粪便不与雨水合流；冷却系统的污水可与雨水合流；被有机杂质污染的生产污水可与生活粪便合流；含有大量固体杂质的污水、浓度大的酸性或碱性污水、含有有毒物质和油脂的污水，应单独排放，并进行污水处理

2. 室内排水系统的组成

室内排水系统的组成应能满足以下三个基本要求：①系统能迅速畅通地将污水（废水）排到室外；②排水管道系统气压稳定，有毒有害气体不进入室内，保持室内环境卫生；③管线布置合理，简短顺直，工程造价低。室内排水系统一般由下列各部分组成，如图 4-13 所示。

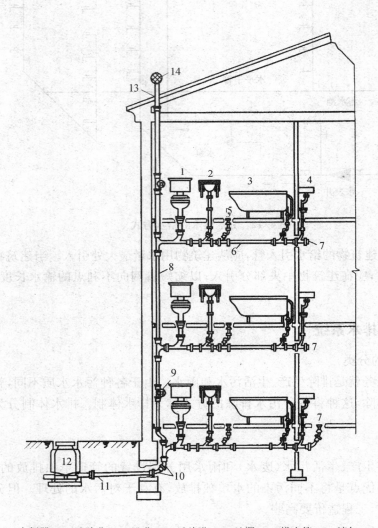

1—大便器；2—洗脸盆；3—浴盆；4—洗涤盆；5—地漏；6—横支管；7—清扫口；8—立管
9—检查口；10—45°弯头；11—排出管；12—排水检查井；13—伸顶通气罩；14—网罩

图 4-13　建筑内部排水系统

（1）卫生器具

卫生器具是室内排水系统的起点，用来满足日常生话和生产过程中各种卫生要求.收集和排除污废水的设备。

（2）排水管道

排水管道包括器具排水管（含存水弯）、排水横支管、盘管、埋地干管和排出管。排水横支管是指连接各卫生器具的水平管道，应有一定的坡度（2％左右）指向排水立管。排水立管是指连接排水横支管和排出管的竖向管道。排出管是指连接排水立管将污水排出室外检查井、化粪池的最主要的水平管道。排出管向检查井方向应有一定的坡度（1％～2％）。

（3）清通设备

为疏通室内排水管道，保障排水畅通，需设清通设备。在横支管上设清扫口，在立管上设检查口，室内埋地横干管上设检查井。

（4）通气管道系统

室内排水管内是水气两相流，为防止因气压波动造成的水封破坏，使有毒有害气体进入室内，需要设置通气系统。层数不高、卫生器具不多的建筑物，可将排水立管上端延长并伸出屋顶，这一段管叫伸顶通气管。对于层数较高、卫生器具较多的建筑物，因排水量大，空气的流动过程易受排水过程干扰，须将排水管和通气管分开，设专用通气管道。

4.2.3 室内给水排水工程图

一套房屋施工图，应该包括建筑、结构和设备施工图三大部分。室内给水排水工程图是房屋设备施工图的一个重要组成部分，它包括设计总说明、给水排水管网平面布置图、给水排水系统图、详图等几部分。主要用于解决室内给水及排水方式、所用材料及设备的规格型号、安装方式及安装要求、给水排水设施在房屋中的位置以及与建筑结构的关系、与建筑中其他设施的关系等一系列内容，是重要的技术文件。

现以某单位一办公楼为例，分析其有关图样的图示方法。图4-14为某办公楼建筑施工图的底层平面图（因限于篇幅，立面图和剖面图省略了），该办公楼为三层砖混结构，南北朝向。从图中可知该房屋每层楼的西边两间是厕所，其余是办公室，故只有该两间房间需要安装给水排水设施。

1. 给水排水管网平面布置图

室内给水排水管网平面布置图主要是显示给水排水管道及设备的安排和布置，是室内给水排水工程图的重要图样，也是绘制其他室内给水排水工程图的重要依据。包括给水管网平面布置图和排水管网平面布置图。就中小型工程而言，由于其给水、排水情况相对比较简单，可以把给水平面布置图和排水平面布置图合并画在同一张图上，为防止混淆，有关管道和设备的图例应区分标注。对于高层建筑及其他较复杂的工程，其给水管网平面布置图和排水管网平面布置图应分开绘制，可分别绘制生活给水平面布置图、生产给水平面布置图、消防喷淋平面布置图、污水排水平面布置图、雨水排水平面布置图等。平面布置图应分层绘制。若各楼层管道等的平面布置相同，则可只画出底层给水排水管网平面布置图、标准层给水排水管网平面布置图和屋顶给水排水管网平面布置图。

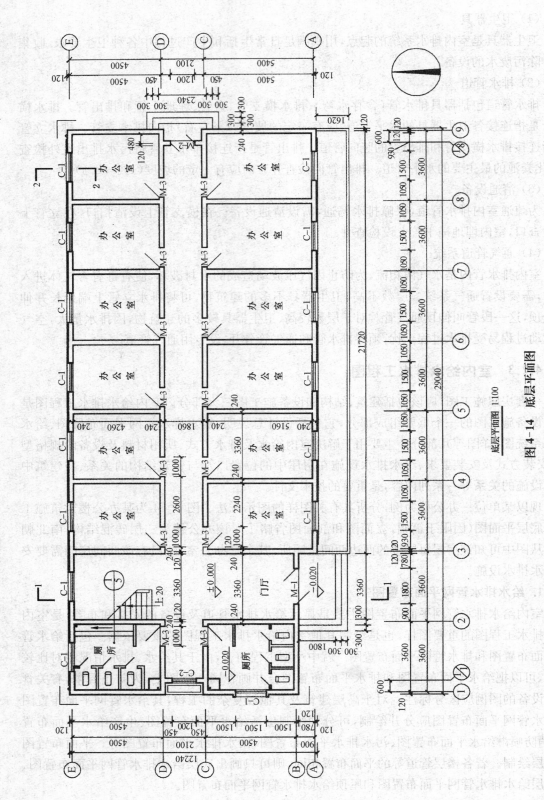

底层平面图 1:100

图 4-14 底层平面图

给水排水管网平面布置图的比例,可采用与房屋建筑平面图相同的比例,一般常用1：100。当卫生设备或管路布置较复杂的房间,用1：100画出的图样显示不够清楚时,可采用1：50来绘制。

平面布置图中的房屋图是一个辅助内容,只是起一个陪衬作用,重点应突出管道布置和卫生设备,所以房屋建筑平面图的墙身和门窗等构造的线型,一律都画成细实线,也不必标注门窗代号。各种卫生器具的图例也用细实线绘制。各种管道不论直径大小,一律用宽度为 b 的粗单线表示。这样可使图样更为清晰明确。

为了充分显示房屋建筑与室内给水排水管道及设备间的布置和关系,又因为室内管道与室外管道相连,所以底层平面布置图一般应单独画出一个完整的房屋平面图。如图4-15所示,此图因限于篇幅,只画出厕所部分有关给水排水内容的平面图,其余部分省略了。

在大型的工业与民用建筑中,如各种不同性质的管路系统较多,则应按表4-3中的管路代号,在管线中间注上相应的汉语拼音字母代号。如果管路种类不多,可以用不同的线型来表示。如:给水管用粗实线表示,排水管用粗虚线表示。立管在平面图中可以画小圆圈表示。

给水管网平面布置图主要表示给水管道、卫生器具、管道附件等的平面布置。从图4-15中可知,室外引入管自①、⑤轴线相交处的墙角北面进入室内,通过底层水平干管分三路送水:第一路通过 JL-1 送入女厕所的高位水箱和洗手池,第二路通过 JL-2 送入男厕所的高位水箱和洗手池,第三路通过 JL-3 送入男厕所的小便槽的多孔冲洗管。

排水管网平面布置图主要表示排水管道、地漏、卫生器具的平面布置。每层卫生设备平面布置图的管路,是以连接该层卫生设备的管路为准,而不是以楼、地面作为分界线的。从图4-16中可知,女厕所的污水是通过排水立管 PL-1、PL-2 以及排水横管排出室外,男厕所的污水是通过排水立管 PL-13、PL-4 以及排水横管排出室外。

2. 管系轴测图

室内管路系统一般是沿墙角和墙面布置的,它在空间的转折和分岔多数成直角方向延伸,形成一个长、宽、高三向的立体系统。而平面布置图只能反映管路系统长、宽两个方向的布置,为了更清楚地表明管道的空间布置和连接情况,室内给水排水施工图除了绘制管道平面布置图外,还应绘制室内给水排水轴测图,也称系统图,通常画成正面斜等测图,即 OZ 轴为垂直方向,OX 轴为水平方向,OZ 轴与 OX 轴成 90°角,OY 轴与 OX 轴成 45°角(或 135°角)。管道布置方向应与平面图一致,并按比例绘制,轴测图的绘图比例一般与平面图布置图相同。局部管道按比例不易表示清楚时,该处可不按比例绘制。

通常把房屋的高度方向作为 OZ 轴,OX 轴和 OY 轴的选择则以能使图上管道简单明了、避免管道过多地交错为原则。轴测图中 OX 轴和 OY 轴方向的尺寸可直接从平面图上量取,OZ 轴方向尺寸根据房屋的层高和配水龙头的习惯安装高度尺寸决定。如洗手池的水龙头的高度一般为 1.2 m,大便器的高位水箱高度为 2.4 m,其上球形阀门高度一般为 2.2 m,淋浴喷头的高度为 2.4 m 等。

给水轴测图与排水轴测图应分别绘制,但二者的轴向选择应保持一致。如图4-17为给水管网轴测图,图4-18为排水管网轴测图。

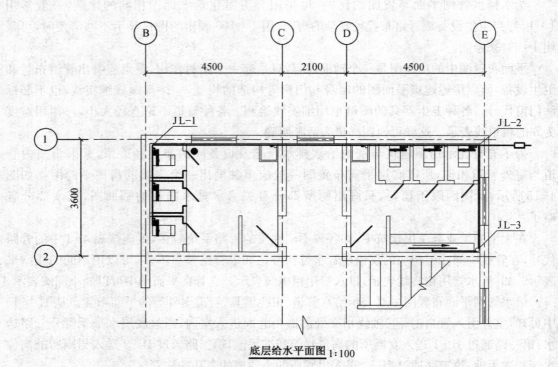

底层给水平面图 1:100

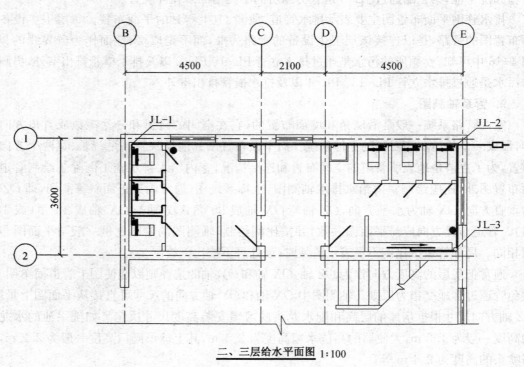

二、三层给水平面图 1:100

图 4-15　室内给水平面布置图

JL-1 JL-2 JL-3

· 82 ·

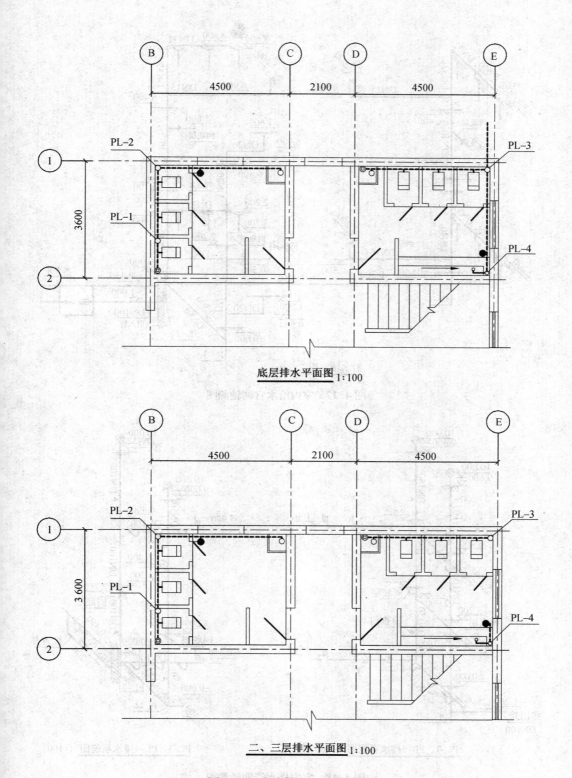

底层排水平面图 1:100

二、三层排水平面图 1:100

图4-16 室内排水平面布置图

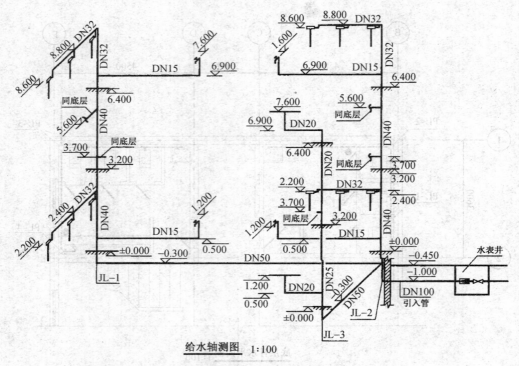

给水轴测图 1:100

图 4-17 室内给水官网轴测图

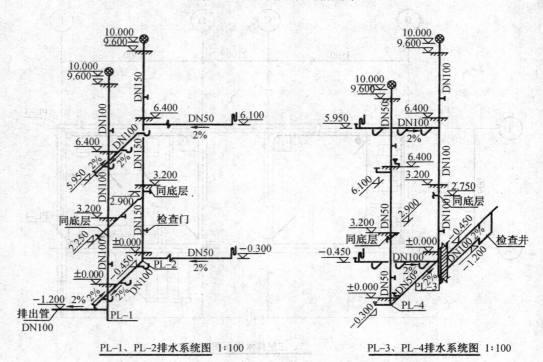

PL-1、PL-2排水系统图 1:100   PL-3、PL-4排水系统图 1:100

图 4-18 室内排水管网轴测图

3. 安装详图

室内给水排水管网平面布置图及管网轴测图,只表示了管道的连接情况、走向和配件的位置。这些图样比例较小,而且配件的构造和安装情况均用图例表示。为了便于施工,对构配件的具体安装方法,需用较大的比例(一般为 1：25～1：5)画出其安装详图。

详图主要有水表井、消火栓、水加热器、检查井、卫生器具、穿墙套管、管道支架、水泵基础等设备。对于设计和施工人员,必须熟悉各种设备的安装详图,并使平面布置图与管系轴测图上的有关安装位置和尺寸与安装详图相一致,以免施工安装时引起差错。

图 4-19 是给水管道穿墙防漏套管安装详图。其中,图 4-19(a)是水平管穿墙安装详图。由于管道都是回转体,可采用一个剖面图表示。图 4-19(b)是 90°弯管穿墙安装详图。两投影都采用全剖面图,剖切位置都通过管道的轴线。

一般常用设备的安装详图可参见相关的给水排水国家标准图集。

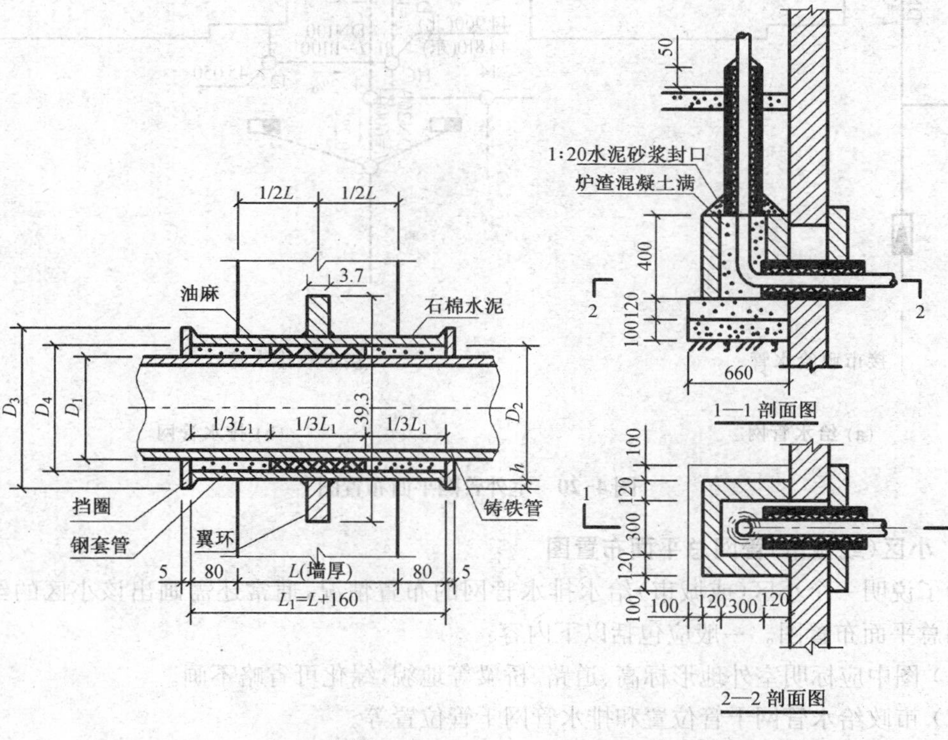

(a) 水平管　　　　　(b) 90°弯管

图 4-19 给水管道穿墙防漏套管安装详图

4.3 室外管网平面布置图

I. 建筑物室外管网平面布置图

室外管网平面布置图主要是用来反映新建建筑物室内给水排水管道与室外管网的连接

情况,常用比例为 1:500~1:1000,也可取与该区建筑总平面图相同的比例。在室外管网平面布置图中只画出局部室外管网的干管,以能说明给水引入管和排水排出管的连接情况即可。管道均可用粗单线(b)表示,但各种管道可用不同线型来区别,如用粗实线表示给水管道,用粗虚线表示排水管道,用粗单点画线表示雨水管道,用中实线画出建筑物的轮廓线。水表、消火栓、检查井、化粪池等附属设备,则可用给水排水工程的专业图例,用 $0.25b$ 的细线画出。图 4-20 是某办公楼室外给水排水管网平面布置图。

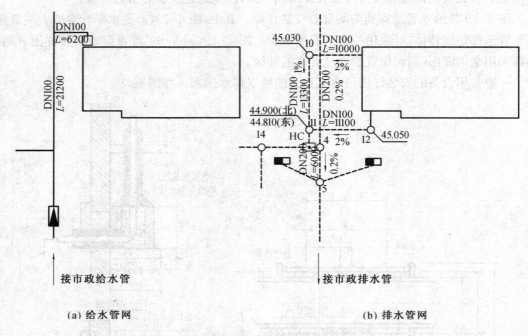

图 4-20 室外管网平面布置图

2. 小区(或城市)管网总平面布置图

为了说明一个小区(或城市)给水排水管网的布置情况,通常还需画出该小区的给水排水管网总平面布置图。一般应包括以下内容:

(1) 图中应标明室外地形标高、道路、桥梁等地貌,绿化可省略不画。

(2) 市政给水管网干管位置和排水管网干管位置等。

(3) 小区内室外给水管网接自市政给水管网干管至房屋引入管之间的给水管网的布置,并注明各段给水管道的管径、阀门井及闸阀位置、消火栓位置等。如果是城市管网平面布置图,还应画出水厂、泵站和水塔等的位置。

(4) 小区内室外排水管网接自室内排水管至市政排水管网干管之间的排水管网的布置,并注明各段排水管道的管径、管长、检查井(窨井)的编号及标高、化粪池等。

图 4-21 为某校区管网总平面布置图。由于排水管道经常要疏通,所以在排水管道的起端、两管排水管道相交点和转折点处均要设置检查井,两检查井之间的管道应是直线,不能做成折线或曲线。排水管是重力自流管,因此在校区内只能汇集于一点后向排水干管排出。在图上用箭头表示流水方向,并应从上流开始,按主次将检查井进行编号。

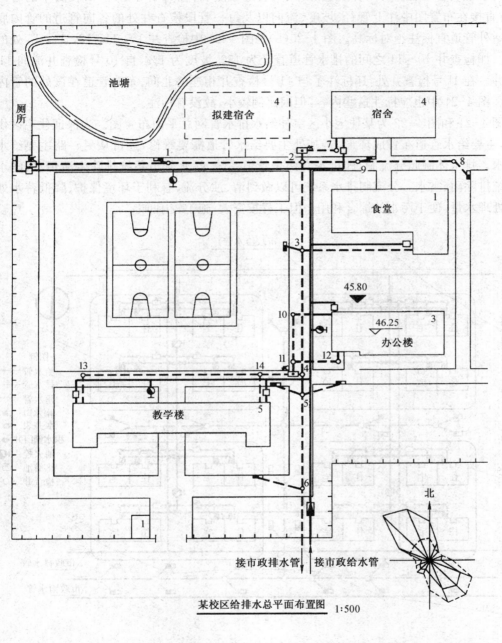

池塘

厕所

拟建宿舍 4

宿舍 4

1

2

7

9

8

食堂 1

3

10

45.80 ▼

46.25 ▽

办公楼 3

13

14

11

12

教学楼

5

5

6

北

接市政排水管 接市政给水管

某校区给排水总平面布置图 1:500

图 例

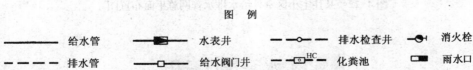

给水管   水表井   排水检查井   消火栓

排水管   给水阀门井   化粪池   雨水口

图 4-21 某校区管网总平面布置图

为了说明管道、检查井的埋设深度以及管道坡度、管径大小等情况,对较简单的管网布置,可直接在布置图中注上管径、坡度、流向以及每一管段检查井处的各向管道的管内底标高。室外管道宜标注绝对标高。图 4-20(b)是图 4-21 中检查井 10, 11, 12, 14, 15 处的放大图。如检查井 10～11 之间的排水管道直径为 150,坡度为 1‰,自 10 号检查井流向 11 号检查井。在 11 号检查井处,还标注了与 11 号检查井相连的北向、东向管道在该处的管内底标高。图 4-21 中也应标注这些内容,但因比例较小,故没有标注。

　　图 4-21 和图 4-22 为某住宅小区室外给水排水管网总平面布置图。为保证住宅区供水安全,主要给水管道布置成环形,若某处主要给水管道需要维修,还可从另一路主要给水管道供水。排水体制属分流制,即排水有两个管道系统,污水管道系统排除生活污水,雨水管道系统排除雨、雪水。分流制排水系统可以做到清、浊分流,有利于环境保护、降低污水处理厂的处理水量,便于污水的综合利用。但工程投资大,施工较困难。

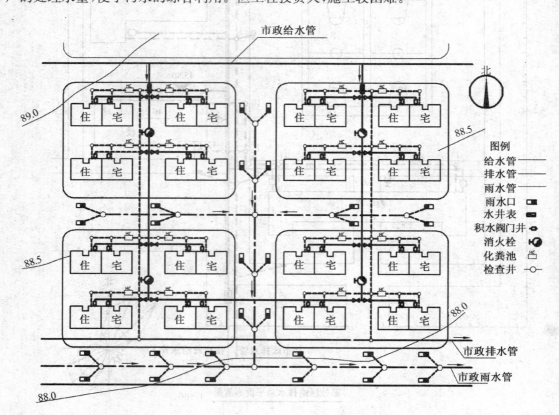

图 4-22　某住宅小区室外给水排水管网总平面布置图

4.4　水泵房设备图

　　在整个给水排水工程中,除了上述与房屋建筑有关的施工图外,还应有各种水处理设备和构筑物工艺图。水处理工程分为给水处理工程和污水处理工程,是一个把水的采集、净化、输送、利用、回收、直到再净化、再输送以及再利用的循环过程。在这个循环过程中,水泵站是工程中必要的组成部分,是整个给水排水系统正常运转的枢纽。图4-23为城市给水排水系统工艺基本流程图,实线为给水流程,虚线为排水流程。由图可知,城市中水的循环都是靠一系列不同功能的水泵站的正常运行来完成的。

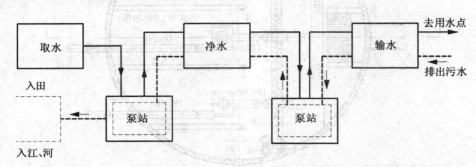

图4-23　城市给水排水系统工艺流程图

在给水系统中,给水泵站按其作用可分为:取水泵站(也称一级泵站)、送水泵站(也称二级泵站)、加压泵站以及循环泵站等。排水泵站按其排水的性质可分为:污水泵站、雨水泵站、合流泵站以及污泥泵站等。但无论是哪种泵站,其工作原理都是相似的,都是靠水泵提升和输送水,只不过排水泵站所提升的水是不干净的,且来水的流量随时都在变化。水泵、管道及电动机三者构成了泵站中的主要工艺设施,另外还有进出水建筑物,一般包括引渠、前池、进水池、出水管道和出水池等。

图4-24、图4-25和图4-26是某污水泵站的剖面图和平面图。

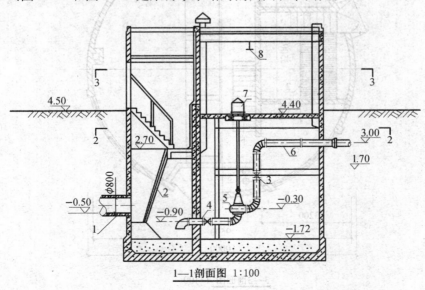

1—1剖面图　1:100

1—来水干管;2—格栅;3—闸阀;4—水泵吸水管;
5—立式污水管;6—压水管;7—电动机;8—单梁手动起重机

图4-24　污水泵站剖面图(一)

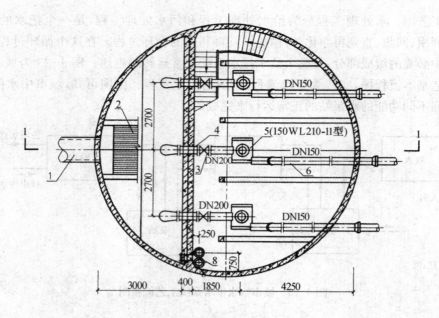

2—2剖面图 1:100

1—来水干管；2—格栅；3—闸阀；4—水泵吸水管；5—立式污水泵；6—压水管；8—单梁手动起重机

图 4-25　污水泵站平面图（二）

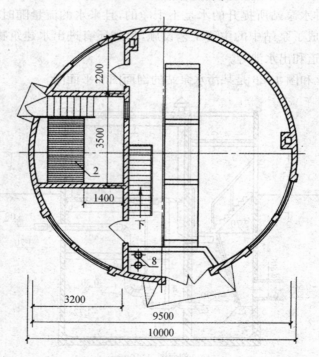

3—3剖面图 1:100

2—格栅；8—单梁手动起重机

图 4-26　污水泵站平面图（三）

泵房平面图(剖面图)反映出了泵房的形状、泵房设备和管道的布置。结合图 4-24 和图 4-25 可知,该泵房为圆形,泵房地下部分为钢筋混凝土结构,地上部分用砖砌筑。集水池与机器间砌有钢筋混凝土隔墙,各有单独的门进出。泵房内设三台 150WL210-ll 型立式污水泵(两用一备)。水泵为自灌式,机组开停用浮筒开关装置自动控制。各水泵吸水管和压水管上均设有闸阀,便于检修。

  此污水泵站的工艺流程是:由直径 800 mm 的来水干管将市政排水管网汇集的污水送到集水池,水泵吸水管从集水池中吸水,通过闸阀送入水泵,污水经水泵升压后,再由压水管送入污水处理厂进行处理。

  由于排水泵站的工艺特点,泵站往往设计成半地下式或地下式,其地下部分一般采用钢筋混凝土结构,并应采取必要的防水措施。从图 4-24 可以看出,该泵房为半地下式,机器间、集水池、出水池均在地下,其余在地上。集水池与机器间用不透水的钢筋混凝土隔墙分开,集水池中装有格栅,格栅是污水泵站中最主要的辅助设备,一般由一组平行的栅条组成,斜置于泵站集水池的进口处。格栅的作用是阻拦水中粗大的固体杂质,以防止杂物阻塞和损坏水泵。从图中还可看到,水泵层高程为 -1.72 m,电动机层高程为 4.4 m,起吊设备用单梁手动起重机。为解决高温散热、散湿和空气污染,机器间设置了通风管。

第5章

道 路 工 程 图

　　道路是供车辆行驶和行人通行的窄而长的带状结构物。道路由于其所在位置及作用不同,分为公路和城市道路两种。位于城市郊区和城市以外的道路称为公路。公路根据交通量及其使用功能、性质分为五个等级,即高速公路,一、二、三和四级公路。位于城市范围以内的道路称为城市道路。城市中修建的道路(街道)则有不同于公路的要求,需要考虑城市规划、市容市貌、居住环境、生活设施、交通管理、运输组织等。一般城市道路可分为主干道、次干道、支路及区间路等。

　　道路的位置和形状与所在地区的地形、地貌、地物及地质有很密切的关系。由于道路路线有竖向高度变化(上坡、下坡、竖曲线)和平面弯曲(向左、向右、平曲线)变化,所以从整体来看道路路线实质上是一条空间曲线。道路工程图的图示方法与一般的工程图样不完全相同,道路工程图主要是由道路路线平面图、路线纵断面图和路线横断面图来表达的。绘制道路工程图时,应遵循《道路工程制图标准》(GB/T 50162—1992)中的有关规定。

5.1　公路路线工程图

　　公路路线工程图包括:路线平面图、路线纵断面图、路基横断面图。

5.1.1　路线平面图

1. 图示方法

　　路线平面图是从上向下投影所得到的水平投影,也就是利用标高投影法所绘制的道路沿线周围区域的地形图。

　　2. 画法特点和表达内容

　　路线平面图主要表示道路的走向、线形(直线和曲线)以及公路构造物(桥梁、隧道、涵洞及其他构造物)的平面位置,以及沿线两侧一定范围内的地形、地物等情况。

　　如图 5-1 所示,为某公路从 $K23+750$ 至 $K24+500$ 段的路线平面图,其路线平面图内容分为地形和路线两部分。

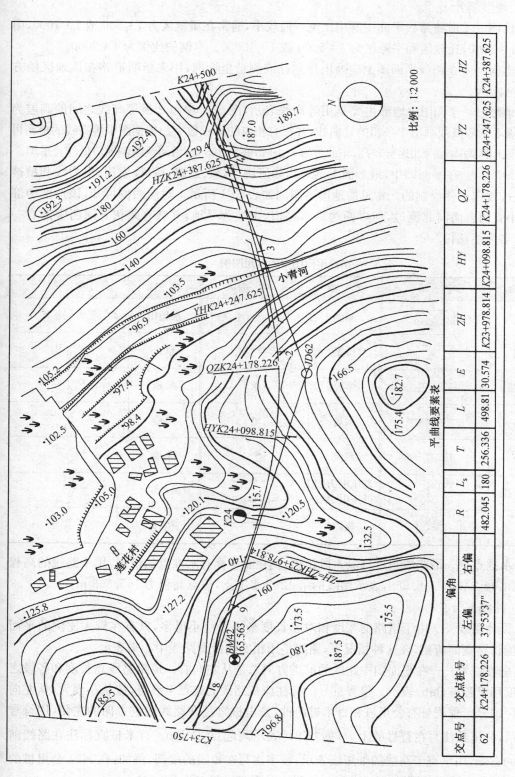

比例：1:2 000

平曲线要素表

交点号	交点桩号	偏角		R	L_s	T	L	E	ZH	HY	QZ	YZ	HZ
		左偏	右偏										
62	K24+178.226		37°53′37″	482.045	180	256.336	498.81	30.574	K23+978.814	K24+098.815	K24+178.226	K24+247.625	K24+387.625

图 5-1　路线平面图

（1）地形部分

① 比例——道路路线平面图所用比例一般较小，通常在城镇区为 1∶500 或 1∶1000，山岭区为 1∶2000，丘陵区和平原区为 1∶5000 或 1∶10000。本例的比例为 1∶2000。

② 方向——在路线平面图上应画出指北针或测量坐标网，用来指明道路在该地区的方位与走向。

③ 地形——平面图中地形主要是用等高线表示，图 5-1 中每 2 根等高线之间的高差为 5 m，每隔 3 条等高线画出 1 条粗的计曲线，并标有相应的高程数字。根据图中等高线的疏密可以看出，该地区两南和两北地势较高，东北方有一山峰，高约 193 m，沿河流两侧地势低洼且平坦。

④ 地物——在平面图中，地形面上的地物如河流、房屋、道路、桥梁、农田、电力线和植被等，都是按规定图例绘制的。常见的地形图图例如表 5-1 所示。对照图例可知，该地区中部有一条小青河自南向北流过，河岸两边是水稻田，山坡为旱地，并栽有果树。河西中部有一居民点，名为莲花村。

表 5-1　　　　　　　　　　　　　路线平面图中的常用图例

名　称	符　号	名　称	符　号	名　称	符　号
房屋		涵洞		水稻田	
棚房		桥梁		草地	
大车路		学校	文	果地	
小路		水塘	塘	旱地	
堤坝		河流		菜地	
人工开挖		高压电力线 低压电力线		阔叶树	
窑		铁路		树林	

⑤ 水准点——沿路线附近每隔一段距离，就在图中标有水准点的位置，用于路线的高程测量。如：⊗ BM42/165.563，表示路线的第 42 个水准点，该点高程为 165.563 m。

（2）路线部分

① 设计路线——由于道路的宽度相对于长度来说尺寸小得多，只有在较大比例的平面图中才能将路宽面清楚，在这种情况下，路线是用粗实线沿着路线中心来表示。

② 里程桩号——在平面图中路线的前进方向总是从左向右。道路路线总长度和各段之间的长度用里程桩（km）表示。里程桩号的标注应从路线的起点至终点，按从小到大，从左向右的顺序编号。里程桩有公里桩和百米桩两种，公里桩宜注在路线前进方向的左侧，用符号"Ф"表示，公里数注写在符号的上方，如"K24"表示离起点 24 km。百米桩宜标注在路线前进方向的右侧，用垂直于路线的细短线表示，数字注写在短线的端部，例如：在 K24 公里桩的前方注写的"2"，表示桩号为 K24+200，说明该点距路线起点为 24.200 m。

③ 平曲线——道路路线在平面上是由直线段和曲线段组成的。路线的转弯处的平面曲线称为平曲线,用交角点编号表示第几转弯。如图 5-2 所示的 JD2 表示第 2 号交角点。α 为偏角,是路线前进时向左或向右偏转的角度;R 为圆曲线设计半径。是连接圆弧的半径长度;T 为切线长,是切点与交角点之间的长度;E 为外矢距,是曲线中点到交角点的距离;L 为曲线长,是圆曲线两切点之间的弧长。还要注出曲线段的起点 ZH(直缓)、HY(缓圆)、中点 QZ(曲中)、YH(圆缓)、终点 HZ(缓直)的位置。

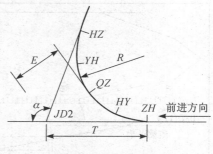

图 5-2 平曲线要素

3. 平面图的拼接

由于道路很长,不可能将整个路线平面图画在同一张图纸内,通常需分段绘制,使用时再将各张图纸拼接起来。每张图纸的右上角应画有角标,角标内应注明该张图纸的序号和总张数。平面图中路线的分段宜在整数里程桩处断开。相邻图纸拼接时,路线中心对齐,接图线重合,并以正北方向为准,如图 5-3 所示。

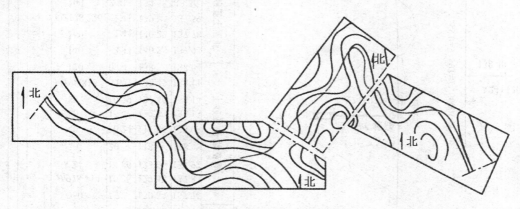

图 5-3 路线图纸拼接示意图

5.1.2 路线纵断面图

1. 图示方法

路线纵断面图是假想用铅垂面沿道路中心线剖切,然后展开成平行于投影面的平面,向投影面作正投影所获得的。图 5-4 是某地段的高速公路,其路线纵断面图可理解为沿路中的虚线剖切所得。由于道路路线是由直线和曲线组合而成的,所以纵向剖切面既有平面又有柱面,为了清楚地表达路线的纵断面情况,需要将此纵断面拉直展开,并绘制在图纸上,这就形成了路线纵断面图,如图 5-5 所示。

图 5-4 某地段的高速公路

土
木
工
程
图
学

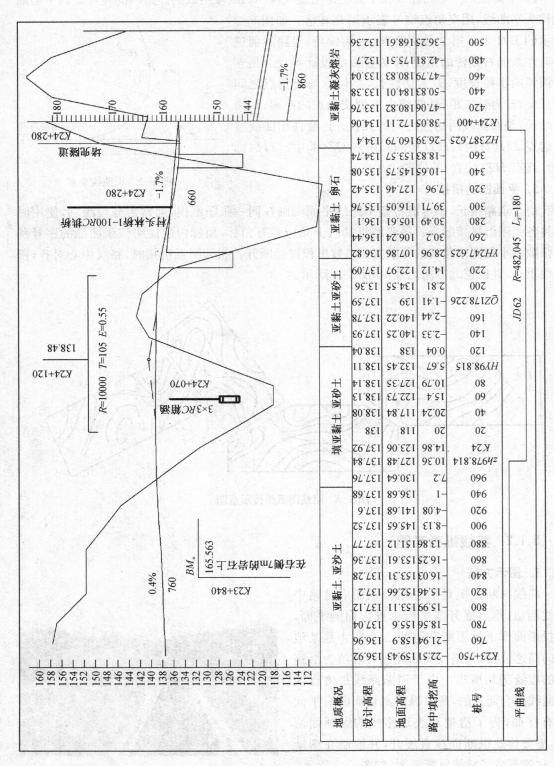

图 5-5 路线纵断面图

• 96 •

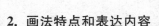

2. 画法特点和表达内容

路线纵断面图主要表达道路的纵向设计线形及沿线地面的高低起伏状况。路线纵断面图包括图样和资料表两部分,一般图样画在图纸的上部,资料表布置在图纸的下部。图5-5所示为某公路从 $K23+750$ 至 $K24+500$ 段的纵断面图。

(1) 图样部分

① 比例——纵断面图的水平方向表示路线的长度,竖直方向表示设计线和地面的高程。由于路线的高差比路线的长度尺寸小得多,如果竖向高度与水平长度用同一种比例绘制,很难把高差明显地表示出来,所以绘图时一般竖向比例要比水平比例放大10倍,例如:如图5-5的水平比例为1:2000,而竖向比例为1:200,这样画出的路线坡度就比实际大,看上去也较为明显。为了便于画图和读图,一般还应在纵断面图的左侧按竖向比例画出高程标尺。

② 设计线和地面线——在纵断面图中道路的设计线用粗实线表示,原地面线用细实线表示,设计线是根据地形起伏和公路等级,按相应的工程技术标准而确定的,设计线上各点的标高通常是指路基边缘的设计高程。地面线是根据原地面上沿线各点的实测高程而绘制的。

③ 竖曲线——设计线是由直线和竖曲线组成的,在设计线的纵向坡度变更处,为了便于车辆行驶,按技术标准的规定应设置圆弧竖曲线。竖曲线分为凸形和凹形两种,在图中分别用(⌒)和(⌄)的符号表示。符号中部的竖线应对准变坡点,竖线左侧标注变坡点的里程桩号,竖线右侧标注变坡点的高程。符号的水平线两端应对准竖曲线的始点和终点,竖曲线要素(半径 R、切线长 T、外矢距 E)的数值标注在水平线上方。在本图中的变坡点 $K24+120$,高程为138.48 m处设有凸形竖曲线($R=1000$ m,$T=105$ m,$E=0.55$ m)。

④ 工程构筑物——道路沿线的工程构筑物如桥梁、涵洞、隧道等,应在设计线的上方或下方用竖直引出线标注,竖直引出线应对准构筑物的中心位置,并注出构筑物的名称、规格和里程桩号。例如图5-5中,分别标出箱形涵洞、桥梁、隧道的位置和规格。1-3×3RC箱涵/ $K24+070$ 表示在里程桩 $K24+070$ 处设有孔径为3 m、高3 m的钢筋混凝土箱涵。

⑤ 水准点——沿线设置的测量水准点也应标注,竖直引出线对准水准点,左侧注写里程桩号,右侧写明其位置,水平线上方注出其编号和高程。如水准点BM42设置在里程 $K23+840$ 处的右侧距离为7 m的岩石上,高程为165.563 m。

(2) 资料表部分

绘图时图样和资料表应上下对齐布置,以便阅读。资料表主要包括以下项目和内容。

① 地址概况——根据实测资料,在图中注出沿线各段的地质情况,为设计、施工提供资料。

② 坡度、坡长——是指设计线的纵向坡度和水平投影长度,可在坡度坡长栏目内表示,也可以在图样纵坡设计线上直接表示。如图5-5所示,由图样纵坡设计线可看出 $K23+750\sim K24+500$ 先有坡长760 m,坡度为0.40%的上坡;到了 $K24+120$ 变成坡长660 m,坡度为-1.70%的下坡,桩号 $K24+120$ 是变坡点,设凸形竖曲线一个,其竖曲线半径 $R=10000$ m,切线长 $T=105$ m,外矢距 $E=0.55$ m。

③ 标高——表中有设计标高和地面标高两栏,它们应和图样对应,分别表示设计线和地

面线上各点(桩号)的高程。

④ 挖填高度——设计线在地面线下方时需要挖土,设计线在地面线上方时需要填土,挖或填的高度值应是各点(桩号)对应的设计标高与地面标高之差的绝对值。如图中第一栏的设计高程为 136.92 m,地面高程为 159.43 m,其挖土高度则为 22.51 m。

⑤ 里程桩号——沿线各点的桩号是接测量的里程数值填入的,单位为 m,桩号从左向右排列。在平曲线的起点、中点、终点和桥涵中心点等处可设置加桩。

⑥ 平曲线——为了表示该路段的平面线型,通常在表中画出平曲线的示意图。直线段用水平线表示,道路左转弯用凹折线表示,如"⌐_⌐",右转弯用凸折线表示,如"⌐_⌐"。当路线的转折角小于规定值时,可不设平曲线,但需画出转折方向,"∨"表示左转弯,"∧"表示右转弯。"规定值"是按公路等级而定,如四级公路的转折角≤5°时,不设平曲线,通常还需注出交角点编号、偏角角度值和曲线半径等平曲线各要素的值。如图中的交角点 JD62,向左转折,α 为 37°53′37″,圆曲线半径 R 为 482.045 m,缓和曲线长 L_s 为 180 m。

5.1.3 路线横断面图

路线横断面图是用假想的剖切平面,垂直于路中心线剖切而得到的图形。主要用于表达路线的横断面形状、填挖高度、边坡坡长以及路线中心桩处横向地面的情况。通常在每一中心桩处,根据测量资料和设计要求,顺次画出每一个路基横断面图,作为计算公路的土方石量和路基施工的依据。

在横断面图中,路面线、路肩线、边坡线、护坡线均用粗实线表示,路面厚度用中粗实线表示,原有地面线用细实线表示,路中心线用细点画线表示。

横断面图的水平方向和高度方向宜采用相同比例,一般比例为 1:200、1:100 或 1:50。路线横断面图一般以路基边缘的标高作为路中心的设计标高。路基横断面图的基本形式有以下 3 种。

1. 填方路基

如图 5-6(a)所示,整个路基全为填土区称为路堤。填土高度等于设计标高减去地面标高。填方边坡一般为 1:1.5。

2. 挖方路基

如图 5-6(b)所示,整个路基全为挖土区称为路堑。挖土深度等于地面标高减去设计标高,挖方边坡一般为 1:1。

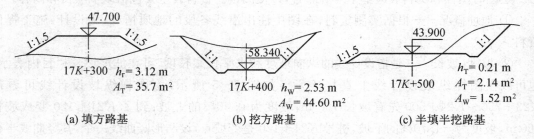

(a) 填方路基   (b) 挖方路基   (c) 半填半挖路基

图 5-6 路基横断面的基本形式

3. 半填半挖路基

如图 5-6(c) 所示，路基断面一部分为填土区，一部分为挖土区。

在路基横断面图的下方应标注相应的里程桩号，在右侧注写填土高度 h_T，或挖土深度 h_W，以及填方面积 A_T 和挖方面积 A_W。

在同一张图纸内绘制的路基横断面图。应按里程桩号顺序排列，从图纸的左下方开始，先由下而上，再自左向右排列，如图 5-7 所示。

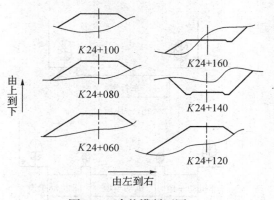

图 5-7 路基横断面图

5.2 城市道路路线工程图

城市道路主要包括机动车道、非机动车道、人行道、分隔带（在高速公路上也设有分隔带）、绿化带、交叉口和交通广场以及各种设施等。在交通高度发达的现代化城市，还建有架空高速道路、地下道路等。

城市道路的线形设计结果也是通过横断面图、平面图和纵断面图表达的。它们的图示方法与公路路线工程图完全相同。但是城市道路所处的地形一般比较平坦，并且城市道路的设计是在城市规划与交通规划的基础上实施的，交通性质和组成部分比公路复杂得多，因此体现在横断面图上，城市道路比公路复杂得多。

5.2.1 横断面图

城市道路横断面图是道路中心线法线方向的断面图。城市道路横断面图由车行道、人行道、绿化和分离带等部分组成。

1. 城市道路横断面布置的基本形式

根据机动车道和非机动车道不同的布置形式。道路横断面的布置有以下 4 种基本形式。

（1）"一板块"断面。把所有车辆都组织在一车道上行驶，但规定机动车在中间，非机动车在两侧，如图 5-8(a) 所示。

（2）"两块板"断面。用一条分隔带或分隔墩从中央分开，使往返交通分离，但同向交通仍在一起混合行驶，如图 5-8(b) 所示。

（3）"三块板"断面。用两条分隔带或分隔墩把机动车与非机动车交通分离，把车行道分隔为三块：中间为双向行驶的机动车道，两侧为方向彼此相反的单向行驶非机动车道，如图 5-8(c) 所示。

（4）"四块板"断面。在"三块板"的基础上增设一条中央分离带，使机动车分向行驶，如图 5-8(d) 所示。

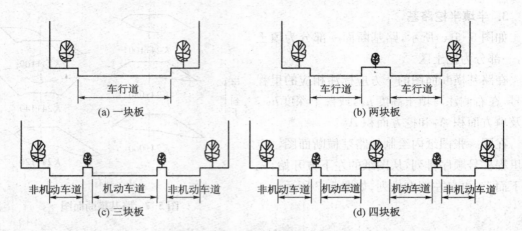

图 5-8 城市道路横断面布置的基本形式

(a) 一块板   车行道

(b) 两块板   车行道   车行道

(c) 三块板   非机动车道   机动车道   非机动车道

(d) 四块板   非机动车道   机动车道   机动车道   非机动车道

2. 横断面图的内容

断面设计的最终结果用标准横断面设计图表示。图中要表示出横断面各组成部分及其相互关系。图 5-9 中该段路采用了"四块板"横面形式,使机动车与非机动车分道单向行驶,两侧为人行道,中间有四条绿带。图中还表示了各组成部分的宽度及结构设计要求。

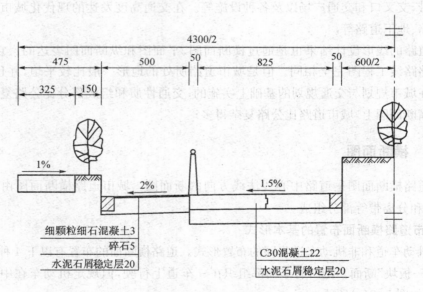

细颗粒细石混凝土3
碎石5
水泥石屑稳定层20

C30混凝土22
水泥石屑稳定层20

图 5-9 标准断面设计图

5.2.2 平面图

城市道路平面网与公路路线平面图基本相同,主要用来表示城市道路的方向、平面线形、车行道布置以及沿路两侧一定范围内的地形和地物情况。

现以图 5-10 为例,按道路情况和地形地物两部分,分别说明城市道路路线平面图的读图要点和画法。

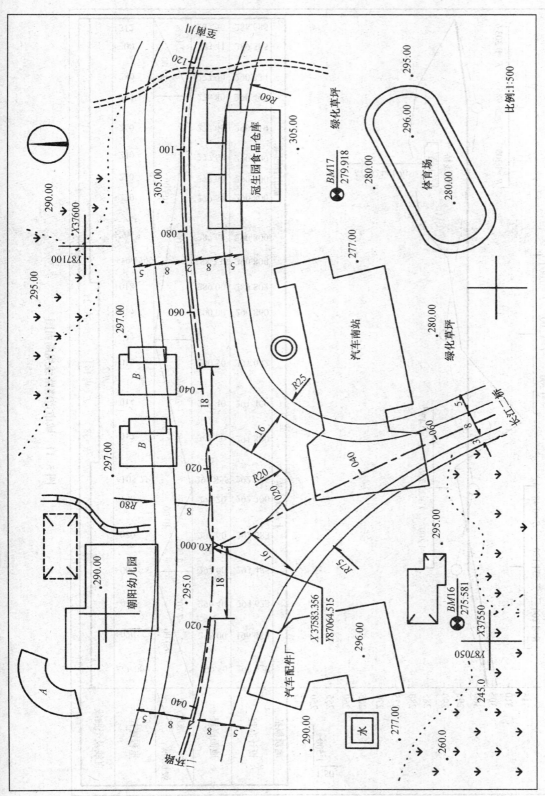

图 5-10 城市道路平面图

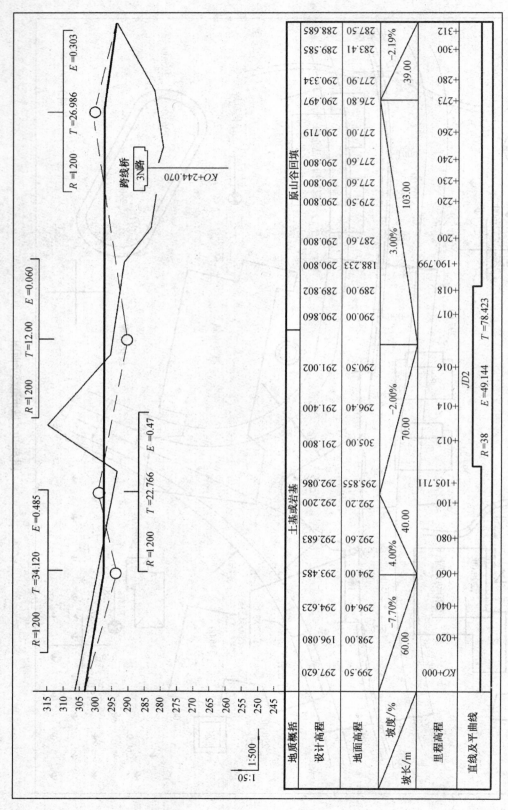

图 5-11　城市道路路线纵断面图

1. 道路部分

（1）城市道路平面图的绘图比例较公路路线平面图大，本图常用 1∶500，所以车行道、人行道、分隔带的分布和宽度均按比例画出。从图中可看出，主干道由西至东，为"两块板"断面型式。车行道宽 8 m，人行道宽 5 m。往东南方向的支道为"一块板"断面型式，车行道宽 8 m，其东南侧的人行道宽 5 m，但西南侧的人行道是从 5～3 m 的渐变型式。

（2）城市道路中心线用点画线绘制，在道路中心线标有里程。从图中看出东西主干道中心线与支道中心线的交点是里程起点。

（3）道路的走向用坐标网符号"——"和指北针来确定。

（4）图中标出了水准点位置，以控制道路标高。

2. 地形地物部分

（1）因城市道路所在的地势一般较平坦，所以用了大量的地形点表示高程。

（2）由于是新建道路，所以占用了沿路两侧工厂、汽车站、居民住房、幼儿园用地。

5.2.3 纵断面

城市道路路线纵断面图与公路路线纵断面图一样，也是沿道路中心线剖切展开后得到的，其作用也相同，内容也分为图样和资料两部分。

1. 图样部分

城市道路路线纵断面图与公路路线纵断面图的表达方法完全相同。在图 5-11 所示的城市道路路线纵断面图中，水平方向的比例采用 1∶500，竖直方向采用 1∶50，即竖直方向比水平方向放大了 10 倍。该段道路有四段竖向变坡段，在 $KO+244.070$ 处有一跨路桥。

2. 资料部分

城市道路路线纵断面图资料部分的内容与公路路线纵断面图基本相同。对于城市道路的排水系统可在纵断面图中表示，也可单独绘制。

5.3 道 路 交 叉 口

人们把道路与道路、道路与铁路相交时所形成的公共空间部分称作交叉口。

根据通过交叉口的道路所处的空间位置，可分为平面交叉和立体交叉。

5.3.1 平面交叉口

1. 平面交叉口的形式

常见的平面交叉口的形式有十字形、T 字形、X 字形、Y 字形、错位交叉和复合交叉等，如图 5-12 所示。

2. 环形交叉口

为了提高平面交叉口的通过能力，常采用环形交叉口。环形交叉（俗称转盘）是在交叉中央设置一个中心岛，用环道组织交通，使车辆一律绕岛逆时针单向行驶，直至所去路口离岛驶出。中心岛的形状有圆形、椭圆形、卵形等。

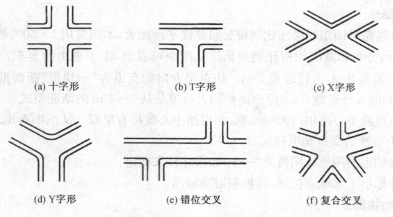

(a) 十字形	(b) T字形	(c) X字形

(d) Y字形	(e) 错位交叉	(f) 复合交叉

图 5-12　平面交叉口的形式

5.3.2　立体交叉口

　　平面交叉口的通过能力有限,当无法满足交通要求时,则需要采用立体交叉,以提高交叉口的通过能力和车速。立体交叉是两条道路在不同平面上的交叉,两条道路上的车流能互不干扰,各自保持其较高行车速度通过交叉口。因此,道路的立体交叉是一种保证安全和提高交叉口通行能力的最有效的办法。

　　立体交叉的形式很多,分类方法也很多。根据交通功能和匝道布置方式,立体交叉分为分离式和互通式两大类。

　　分离式立体交叉指相交道路不互通,不设置任何匝道,如图 5-13 所示。

图 5-13　分离式立体交叉

　　互通式立体交叉指设置匝道满足车辆全部或部分转向要求。

　　互通式立体交叉,按照交通流线的交叉情况和道路互通的完善程度分为完全互通式、部分互通式和环形 3 种。

　　完全互通式立体交叉中所有交通方向均能通行,而且不存在平面交叉,如图 5-14 所示。

　　立体交叉中一个或一个以上转向交通不能通行,或存在一处或一处以上平面交叉时。称为部分互通式立体交叉,如图 5-15 所示。

图 5-14　完全互通式立体交叉

图 5-15　部分互通式立体交叉

　　环形立体交叉中三层式环形可保证相交道路直行交道畅通,所有转弯车辆在环道上通过。二层式环形可保证主要交通直行交道畅通,次要道路直行与所有转弯车辆在环道上通过,如图 5-16 所示。

图 5-16　环形立体交叉

第6章

桥隧涵工程图

6.1 桥梁工程图

当路线跨越河流山谷及道路互相交叉时,为了保持道路的畅通,一般需要架设桥梁。桥梁是道路工程的重要组成部分。

桥梁的种类很多,按结构形式分为梁桥、拱桥、刚架桥、桁架桥、悬索桥、斜拉桥等。按建筑材料分为钢桥、钢筋混凝土桥、石桥、木桥等。桥梁工程图是桥梁施工的主要依据,主要包括桥位平面图、桥位地质断面图、桥位总体布置图、构件结构图和大样图等。图 6-1 所示为桥梁的基本组成。

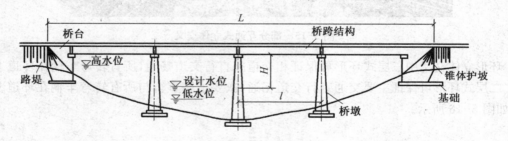

图 6-1 桥梁的基本组成

6.1.1 桥位平面图

桥位平面图主要表示桥梁和路线连接的平面位置,以及桥位处的道路、河流、水准点、钻孔及附近的地形和地物,以便作为设计桥梁、施工定位的根据。这种图一般采用较小的比例,如 1∶500,1∶1000,1∶2000 等。

图 6-2 所示为某桥桥位平面图。除了表示桥位的平面形状、地形和地物外,还标明了钻孔($CK1$、$CK2$、$CK3$)、里程($K7$)和水准点($BM11$、$BM12$)的位置和数据。桥位平面图中的植被、水准符号等均应以正北方为准,而图中文字方向则可按路线要求及总图标打向来决定。

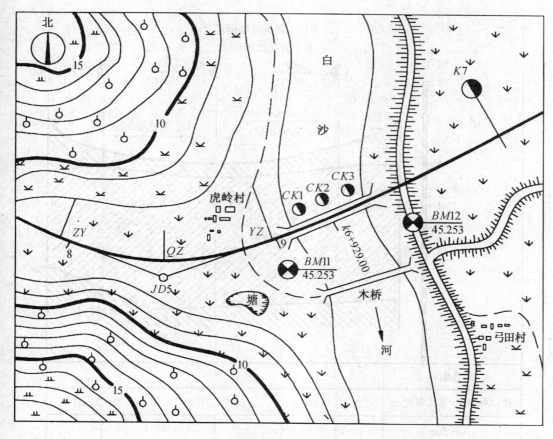

图6-2　桥位平面图

6.1.2　桥位地质断面图

桥位地质断面图是根据水文调查和钻探所得的水文资料绘制的桥位处的地质断面图，包括河床断面线、最高水位线、常水位线和最低水位线，以便作为设计桥梁、桥台、桥墩和计算土石方工程数量的根据。

地质断面图为了显示地质和河床深度变化情况，特意把地形高度（标高）的比例较水平方向比例放大数倍画出。如图6-3所示，地形高度的比例采用1：200，水平方向的比例采用1：500。图中还画出了CK1、CK2、CK3三个钻孔的位置，并在图下方列出了钻孔的有关数据、资料。

6.1.3　桥梁总体布置图

桥梁总体布置图是表达桥梁上部结构、下部结构和附属结构3部分组成情况的总图，主要表达桥梁的形式、跨径、孔数、总体尺寸和各主要构件的位置及相互关系情况。一般由立面图、平面图和剖面图组成。

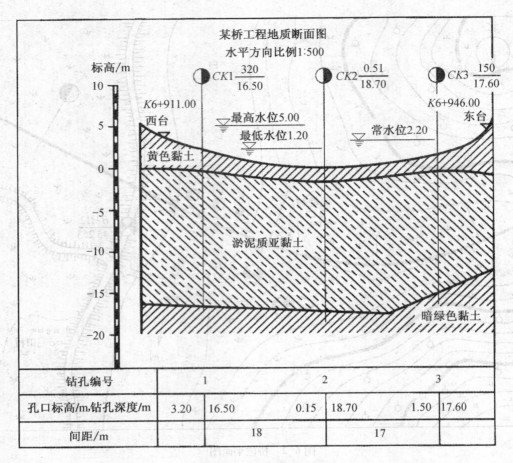

某桥工程地质断面图
水平方向比例1:500

图 6-3　桥位地质断面图

图 6-4 为白沙河桥的总体布置图,绘图比例采用 1:200。该桥为三孔钢筋混凝土空心板简支梁桥,总长度 34.90 m,总宽度 14 m,中孔跨径 13 m,两边孔跨径 10 m。桥中设有两个柱式桥墩,两端为重力式混凝土桥台,桥台和桥墩的基础均采用钢筋混凝土预制打入桩。桥上部承重构件为钢筋混凝土空心板梁。

1. 立面图

桥梁一般是左右对称的。所以立面图常常是由半立面和半纵剖面合成的。左半立面图为左侧桥台、1 号桥墩、板梁、人行道栏杆等主要部分的外形视图。右半纵剖面图是沿桥梁中心线纵向剖开而得到的,2 号桥墩、右侧桥台、板梁和桥面均应按剖开绘制。图中还画出了河床的断面形状,在半立面图中,河床断面线以下的结构如桥台、桩等用虚线绘制。在半剖面图中地下的结构均画为实线。由于预制桩打入到地下较深的位置,不必全部画出,为了节省图幅,采用了断开画法。图中还注出了桥梁各重要部位如桥面、梁底、桥墩、桥台、桩尖等处的高程以及常水位(即常年平均水位)。

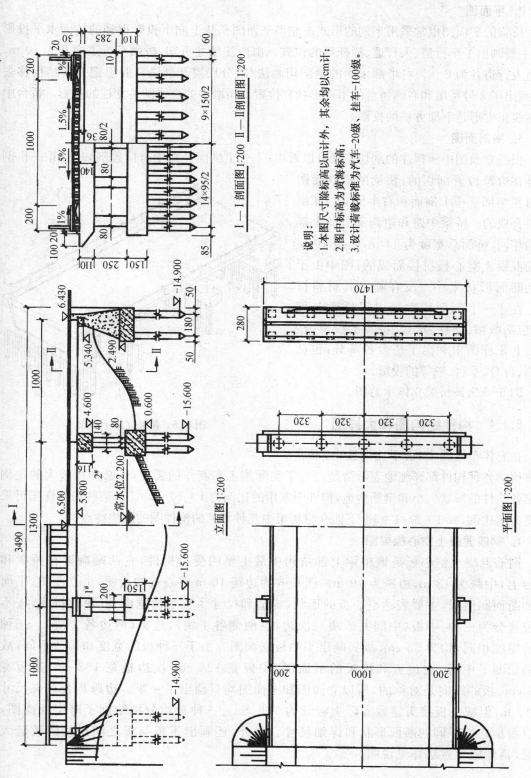

说明：

1. 本图尺寸除标高以 cm 计外，其余均以 cm 计；

2. 图中标高为黄海标高；

3. 设计荷载标准为汽车-20级、挂车-100级。

Ⅰ—Ⅰ剖面图 1:200   Ⅱ—Ⅱ剖面图 1:200

立面图 1:200

平面图 1:200

图 6-4 桥梁总体布置图

2. 平面图

桥梁的平面图也常采用半剖的形式。左半平面图是从上向下投影得到的桥面水平投影图，主要画出了车行道、人行道、栏杆等的位置。由所注尺寸可知，桥面车行道净宽为 10 m，两边人行道各为 2 m。右半部采用的是剖切画法（或分层揭开画法），假想把上部结构移去后，画出了 2 号桥墩和右侧桥台的平面形状和位置。桥墩中的虚线圆是立柱的投影。桥台中的虚线正方形是下面方桩的投影。

3. 横剖面图

根据立面图中所标注的剖切位置可以看出，Ⅰ—Ⅰ剖面是在中跨位置剖切的；Ⅱ—Ⅱ剖面是在边跨位置剖切的；桥梁的横剖面图是由左半部Ⅰ—Ⅰ剖面和右半部Ⅱ—Ⅱ剖面拼合成的。桥梁中跨和边跨部分的上部结构相同，桥面总宽度为 14 m，是由 10 块钢筋混凝土空心板拼接而成的，图中由于板的断面形状太小。没有画出其材料符号。在Ⅰ—Ⅰ剖面图中画出了桥墩各部分，包括墩帽、立柱、承台、桩等的投影；在Ⅱ—Ⅱ剖面图中画出了桥台各部分，包括台帽、台身、承台、桩等的投影。

图 6-5 为该桥梁立体示意图。

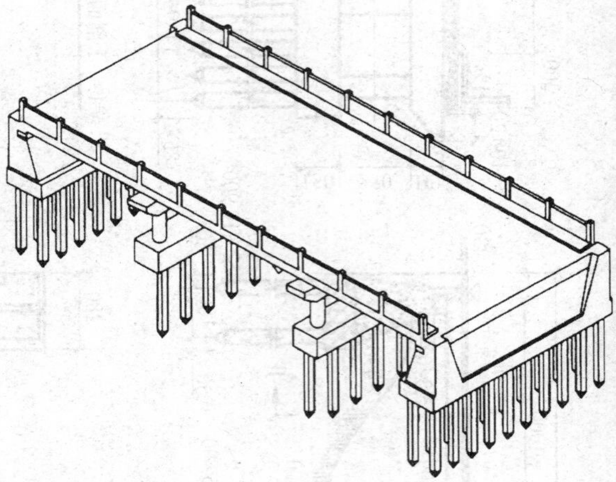

图 6-5　桥梁立体示意图

6.1.4　构件结构图和大样图

在总体布置图中，由于比例较小，不可能将桥梁各种构件都详细地表示清楚。为了实际施工和制作的需要，还必须用较大的比例画出各构件的形状大小和钢筋构造，构件图常用的比例为 1∶10～1∶50，某些局部详图可采用更大的比例，如 1∶2～1∶5。下面介绍桥梁中几种常见的构件图的画法特点。

1. 钢筋混凝土空心板梁图

钢筋混凝土空心板是该桥梁上部结构中最主要的受力构件，它两端搁置在桥墩和桥台上，中跨为 13 m，边跨为 10 m。图 6-6 为边跨 10 m 空心板构造图，由立面图、平面图和断面图组成，主要表达空心板的形状、构造和尺寸。整个桥宽由 10 块板拼成，按不同位置分为三种：中板（中间共 6 块）、次边板（两侧各 1 块）、边板（两边各 1 块）。三种板的厚度相同，均为 55 cm，故只画出了中板立面图。由于三种板的宽度和构造不同，故分别绘制了中板、次边板和边板的平面图，中板宽 124 cm，次边板宽 162 cm，边板宽 162 cm。板的纵向是对称的，所以立面图和平面图均只画出了一半。边跨板长名义尺寸为 10 m，但减去板接头缝后实际上板长为 996 cm。三种板均分别绘制了跨中断面图，可以看出它们不同的断面形状和详细尺寸。另外，还画出了板与板之间拼接的铰缝大样图，具体施工做法详见说明。

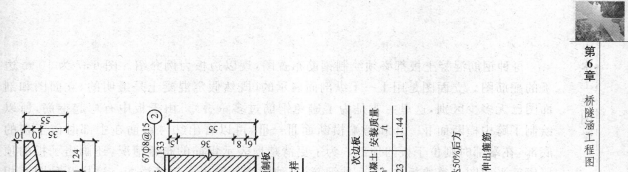

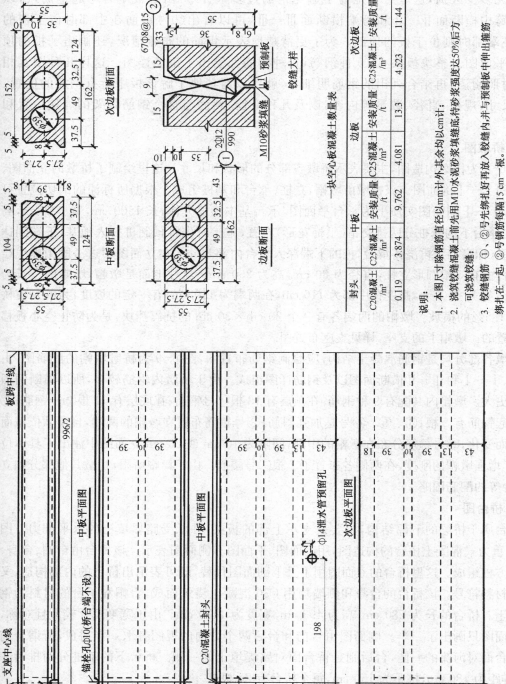

图 6-6 边跨 10 m 空心板构造图

一块空心板混凝土数量表

	封头	中板		边板		次边板	
	C20混凝土/m³	C25混凝土/m³	安装质量/t	C25混凝土/m³	安装质量/t	C25混凝土/m³	安装质量/t
中板	0.119	3.874	9.762				
边板		4.081			13.3		
次边板		4.523					11.44

说明:
1. 本图尺寸除钢筋直径以mm计外其余均以cm计;
2. 浇筑铰缝混凝土前先用M10水泥砂浆填底待砂浆填缝底达50%后方可浇筑铰缝;
3. 铰缝钢筋①、②号先绑扎好再放入铰缝内并与预制板中伸出箍筋绑扎在一起,②号钢筋每隔15 cm一根。

每种钢筋混凝土板都必须绘制钢筋布置图,现以边板为例介绍。图 6-7 为 10 m 边板的配筋图。立面图是用Ⅰ—Ⅰ纵剖面表示的(既然假定混凝土是透明的,立面图和剖面图已无多少区别,这里主要是为了避免钢筋过多重叠)。由于板中有弯起钢筋,所以绘制了跨中横断面Ⅱ—Ⅱ和跨端横断面Ⅲ—Ⅲ,可以看出②号钢筋在中部时位于板的底部,在端部时则位于板的顶部。为了更清楚地表示钢筋的布置情况,还画出了板的顶层钢筋平面图。整块板共有 10 种钢筋,每种钢筋都绘出了钢筋详图。这样几种图互相配合,对照阅读,再结合列出的钢筋明细表,就可以清楚地了解该板中所有钢筋的位置、形状、尺寸、规格、直径、数量等内容,以及几种弯筋、斜筋与整个钢筋骨架的焊接位置和长度。

2. 桥墩图

图 6-8 为桥墩构造图,主要表示桥墩各部分的形状和尺寸。这里绘制了桥墩的立面图、侧面图和Ⅰ—Ⅰ剖面图。该桥墩由墩帽、立柱、承台和基桩组成。根据所标注的剖切位置可以看出,Ⅰ—Ⅰ剖面图实质上为承台平面图,承台基本为长方体,长 1500 cm,宽 200 cm,高 150 cm。承台下的基桩分两排交错(呈梅花形)布置,施工时先将预制桩打入地基,下端到达设计深度(标高)后,再浇铸承台,桩的下端深入承台内部 80 cm 在立面图中这一段用虚线绘制。承台上有 5 根圆形立柱,直径为 80 cm,高为 250 cm。立柱上面是墩帽,墩帽的全长为 1650 cm,宽为 140 cm,高度在中部为 116 cm,在两端为 110 cm,有一定的坡度,为的是使桥面形成 1.5% 的横坡。墩帽的两端各有一个 20 cm×30 cm 的抗震挡块,是为防止空心板移动而设置的。墩帽上的支座,详见支座布置图。

桥墩各部分均是钢筋混凝土结构,应绘制钢筋布置图,图 6-9 为桥墩墩帽的配筋图,由立面图、Ⅰ—Ⅰ和Ⅱ—Ⅱ横断面图以及钢筋详图组成。由于桥墩内钢筋较多,所以横断面图的比例更大。墩帽内共配有 9 种钢筋:在顶层有 13 根①号钢筋;在底层有 11 根②号钢筋;③号为弯起钢筋有 2 根;④、⑤、⑥号是加强斜筋;⑧号箍筋布置在墩帽的两端,且尺寸依截面的变化而变化;⑨号箍筋分布在墩帽的中部,间隔为 10 cm 或 20 cm 立面图中注出了具体位置;为了增强墩帽的刚度,在两侧各布置了 7 根⑦号腰筋。由于篇幅所限,桥墩其他部分如立柱、承台等的配筋图略。

3. 桥台图

桥台属于桥梁的下部结构,主要是支承上部的板梁,并承受路堤填土的水平推力。图 6-10 为重力式混凝土桥台的构造图,用剖面图、平面图和侧面图表示。该桥台由台帽、台身、承台和方桩组成。这里桥台的立面图用Ⅰ—Ⅰ剖面图代替,既可表示出桥台的内部构造,又可画出材料符号。该桥台的台身和侧墙均用 C30 混凝土浇筑而成,台帽和承台的材料为钢筋混凝土。桥台的长为 280 cm,高为 493 cm,宽度为 1470 cm。由于宽度尺寸较大且对称,所以平面图只画出了一半。侧面图由台前和台后两个方向的视图各取一半拼成,所谓台前是指桥台面对河流的一侧,台后则是桥台面对路堤填土的一侧。桥台下的基桩分两排对齐布置,排距为 180 cm,桩距为 150 cm,每个桥台有 20 根桩。

桥台的承台等处的配筋图略。

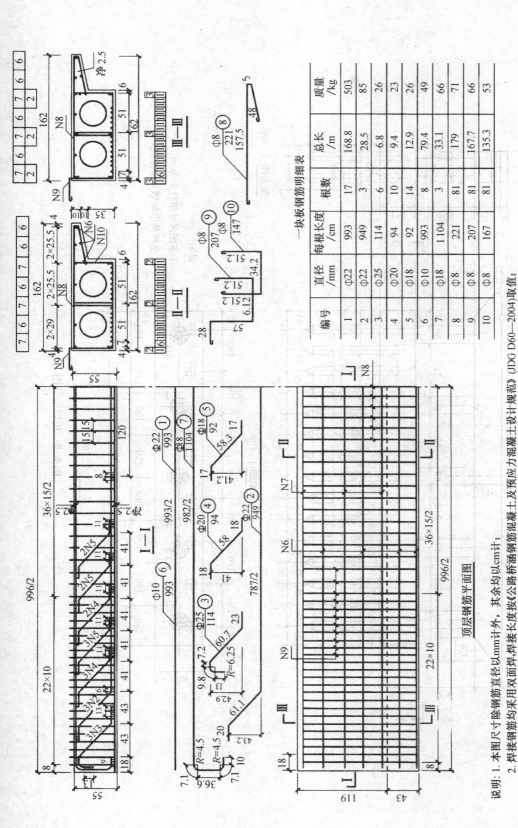

一块板钢筋明细表

编号	直径 /mm	每根长度 /cm	根数	总长 /m	质量 /kg
1	Φ22	993	17	168.8	503
2	Φ22	949	3	28.5	85
3	Φ25	114	6	6.8	26
4	Φ20	94	10	9.4	23
5	Φ18	92	14	12.9	26
6	Φ10	993	8	79.4	49
7	Φ18	1104	3	33.1	66
8	Φ8	221	81	179	71
9	Φ8	207	81	167.7	66
10	Φ8	167	81	135.3	53

顶层钢筋平面图

图6-7 10 m板边板的配筋图

说明: 1. 本图尺寸除钢筋直径以mm计外, 其余均以cm计;
2. 焊接钢筋均采用双面焊,焊接长度按《公路桥涵钢筋混凝土及预应力混凝土设计规范》(JDG D60—2004)取值;
3. N8与N9、N10钢筋对应设置, N9钢筋弯直伸入人行道。

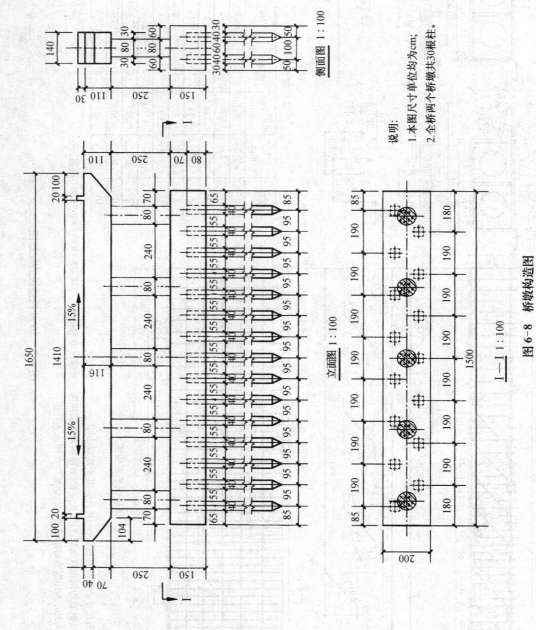

说明:
1.本图尺寸单位均为cm;
2.全桥两个桥墩共30根柱。

侧面图 1:100

立面图 1:100

I—I 1:100

图6-8 桥墩构造图

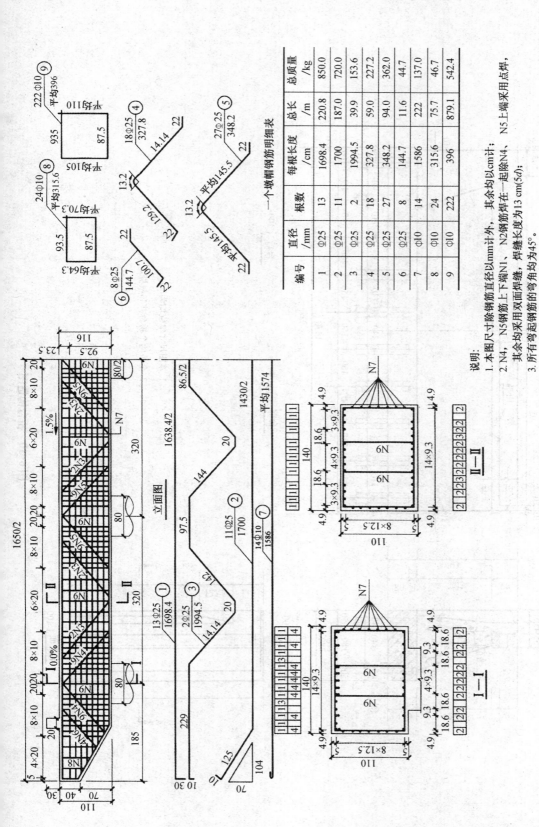

一个墩帽钢筋明细表

编号	直径/mm	根数	每根长度/cm	总长/m	总质量/kg
1	Φ25	13	1698.4	220.8	850.0
2	Φ25	11	1700	187.0	720.0
3	Φ25	2	1994.5	39.9	153.6
4	Φ25	18	327.8	59.0	227.2
5	Φ25	27	348.2	94.0	362.0
6	Φ25	8	144.7	11.6	44.7
7	Φ10	14	1586	222	137.0
8	Φ10	24	315.6	75.7	46.7
9	Φ10	222	396	879.1	542.4

说明:
1. 本图尺寸除钢筋直径以mm计外,其余均以cm计;
2. N4、N5钢筋上下端采用N1、N2钢筋焊在一起除N4、N5上端采用点焊,其余均采用双面焊缝,焊缝长度为13 cm(5d);
3. 所有弯起钢筋的弯角均为45°。

图6-9 桥墩桥帽配筋图

·115·

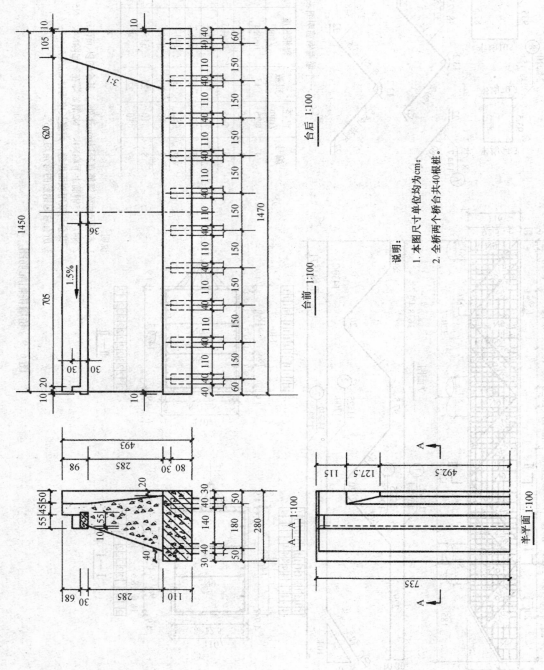

说明：

1. 本图尺寸单位均为cm；

2. 全桥两个桥台共40根桩。

图 6-10　桥台构造图

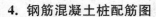

4. 钢筋混凝土桩配筋图

该桥梁的桥墩和桥台的基础均为钢筋混凝土预制桩,桩的布置形式及数量已在上述图样中表达清楚。图6-11为预制桩的配筋图,主要用立面图和断面图以及钢筋详图来表达。由于桩的长度尺寸较大,为了布图的方便常将桩水平放置,断面图可画成中断断面或移出断面。由图可以看出,该桩的截面为正方形40 cm×40 cm,桩的总长为17 m,分上下两节,上节桩长为8 m,下节桩长为9 m。上节桩内布置的主筋为8根①号钢筋,桩顶端有钢筋网1和钢筋网2共三层,在接头端预埋4根⑩号钢筋。下节桩内的主筋为4根②号钢筋和4根③号钢筋,一直通到桩尖部位,⑥号钢筋为桩尖部位的螺旋形钢筋。④号和⑤号为大小两种方形箍筋,套叠在一起放置,每种箍筋沿桩长度方向有三种间距,④号箍筋从两端到中央的间距依次为5 cm、10 cm、20 cm,⑤号箍筋从两端到中央的间距分别为10 cm、20 cm、40 cm,具体位置详见标注。画出的Ⅰ—Ⅰ剖面图实际上是桩尖视图,主要表示桩尖部的形状及⑦号钢筋与②号钢筋的位置。

桩接头处的构造另有详图,这里未示出。

5. 支座布置图

支座位于桥梁上部结构与下部结构的连接处,桥墩的墩帽和桥台的台帽上均设有支座,板梁搁置在支座上。上部荷载由板梁传给支座,再由支座传给桥墩或桥台,可见支座虽小但很重要。图6-12为桥墩支座布置图,用立面图、平面图及详图表示。在立面图上详细绘制了预制板的拼接情况,为了使桥面形成1.5%的横坡,墩帽上缘做成台阶形,以安放支座。立面图上画得不是很清楚,故用更大比例画出了局部放大详图,即A大样图,图中注出台阶高为1.88 cm。在墩帽的支座处受压较大,为此在支座下增设有钢筋垫,由①号和②号钢筋焊接而成,以加强混凝土的局部承压能力。平面图是将上部预制板移去后画出的,可以看出支座在墩帽上是对称布置的,并注有详细的定位尺寸。安装时,预制板端部的支座中心线应与桥墩的支座中心线对准。支座是工业制成品,本桥采用的是圆板式橡胶支座,直径为20 cm,厚度为2.8 cm。

6. 人行道及桥面铺装构造图

图6-13为人行道及桥面铺装构造图。这里绘出的人行道立面图,是沿桥的横向剖切得到的,实质上是人行道的横剖面图。桥面铺装层主要是由纵向①号钢筋和横向②号钢筋形成的钢筋网,现浇C25混凝土,厚度为10 cm。车行道部分的面层为5 cm厚沥青混凝土。人行道部分是在路缘石、撑梁、栏杆垫梁上铺设人行道板后构成架空层,面层为地砖贴面。人行道板长为74 cm,宽为49 cm,厚为8 cm,用C25混凝土预制而成,另画有人行道板的钢筋布置图。

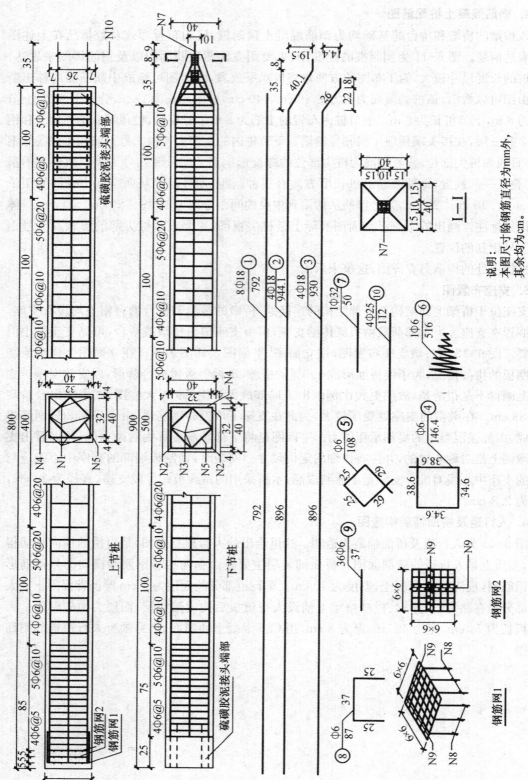

图 6-11 预制桩的配筋图

说明：
本图尺寸除钢筋直径为mm外，
其余均为cm。

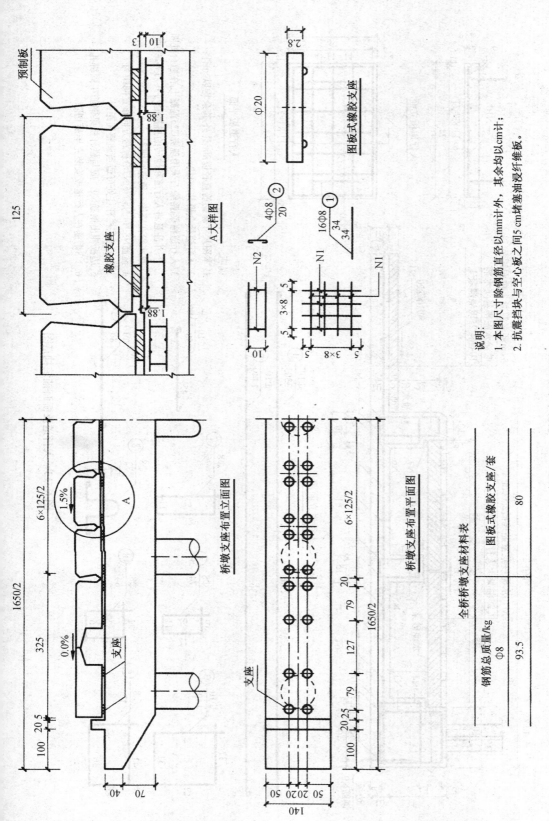

图板式橡胶支座

预制板

橡胶支座

A大样图

桥墩支座布置立面图

桥墩支座布置平面图

全桥桥墩支座材料表

	图板式橡胶支座/套
钢筋总质量/kg Φ8	80
93.5	

说明：

1. 本图尺寸除钢筋直径以mm计外，其余均以cm计；

2. 抗震挡块与空心板之间5 cm堵塞油浸浸纤维板。

图 6-12　桥墩支座布置图

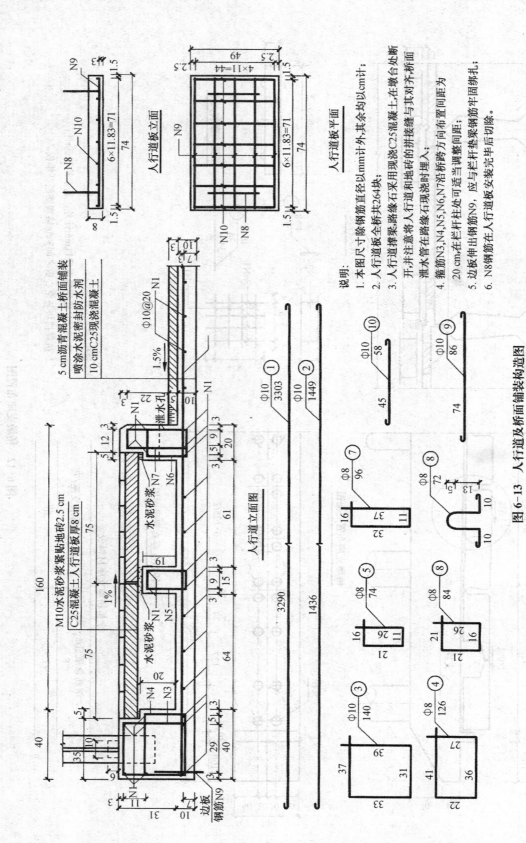

图 6-13 人行道及桥面铺装构造图

以上介绍了桥梁中一些主要构件的画法,实际上绘制的构件图和详图还有许多,但表示方法基本相同,故不赘述。

6.2　隧道工程图

隧道是公路穿越山岭的狭长的构筑物。中间的断面形状很少变化,隧道工程图除用平面图表示其地理位置外,表示构造的主要图样有隧道洞门图、横断面图(表示洞身断面形状和衬砌)以及避车洞图等。

下面分别举例介绍隧道洞门图和隧道避车洞图的图示特点和读图方法。

6.2.1　隧道洞门图

隧道洞门大体上可分为端墙式和翼墙式,主要视洞门口的地质状况而定。图 6-14 为某隧道的端墙式洞门。

图 6-14　某隧道洞口

图 6-15 是隧道的端墙式洞门设计图,主要用立面图、平面图和剖面图表达,采用 1∶100 的比例绘图。

1. 立面图

立面图是隧道洞门的正面投影,不论洞门是否左右对称,两边都应画全。它反映了洞门墙的式样,洞门墙上面高出的部分为顶帽,同时也表示出洞口衬砌断面的形状。它是圆拱形洞口,洞口净空尺寸宽为 790 cm,高为 750 cm,洞门墙的上面有一条从左往右方向倾斜的虚线,并画上箭头和注有 2%,表示洞口顶部有坡度为 2% 的排水沟,用箭头表示流水方向。其他虚线表示了洞门墙和隧道底面的不可见轮廓线。它们被洞门前面两侧路堑边坡和公路路面遮住,所以用虚线表示。

2. 平面图

平面图是隧道洞门的水平投影图,仅画出洞门及其前后的外露部分,表示了顶帽、端墙、洞顶排水沟和边沟的位置和形状,同时也表示了洞门桩号等。图中洞门外的曲线是椭圆,从立面图和 1—1 剖面图可知,它是 1∶0.1 的斜坡平面与半径 R424 圆柱的截交线。

3. 1—1 剖面图

从立面图中编号为1的剖切符号可知,1—1剖视图是沿隧道轴线平面剖切后,向左投影而获得的,仅画出洞口处的一小段。它表示了洞门口端墙倾斜的坡度为1:0.1,厚度为60 cm,还表示了洞顶排水沟的断面形状、拱圈厚度及材料图例和隧道路面坡度1.8%等。

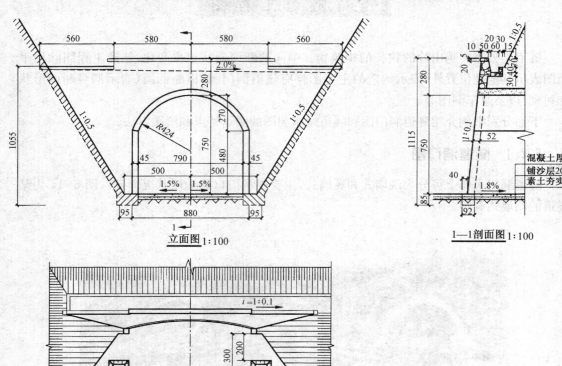

图 6-15　某隧道洞门图

6.2.2　隧道避车洞图

隧道避车洞是供行人和隧道维修人员及维修小车避让来往车辆而设置的,它们沿路线方向交错设置在隧道两侧的边墙上。避车洞有大、小两种,通常小避车洞每隔 30 m 设置一个,大避车洞每隔 150 m 设置一个。为了表示大、小避车洞的相互位置,采用隧道避车洞布置图来表示。另外,还需绘制大、小避车洞详图。

图 6-16 是某隧道避车洞布置图,用平面图和纵剖面图来表示。由于图形比较简单,为了节省图幅,纵横方向采用了不同的比例,纵方向常采用 1:2000,横方向常采用 1:200 等。

图 6-17 和图 6-18 是隧道的大、小避车洞详图,绘图比例为 1:50。大避车洞净空尺寸为:长 400 cm、宽 250 cm、高 400 cm,小避车洞净空尺寸为:长 200 cm、宽 100 cm、高 210 cm。洞内底面有 1‰坡度以便排水。

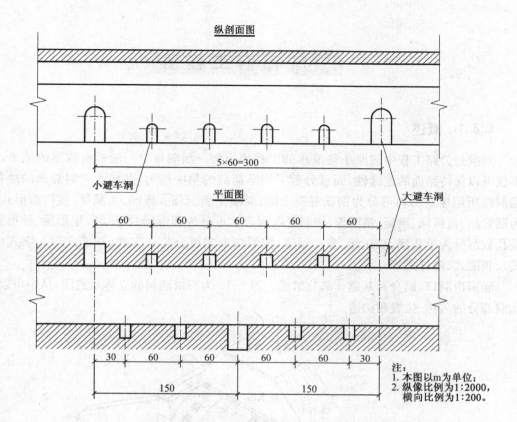

图 6-16　某隧道避车洞布置图

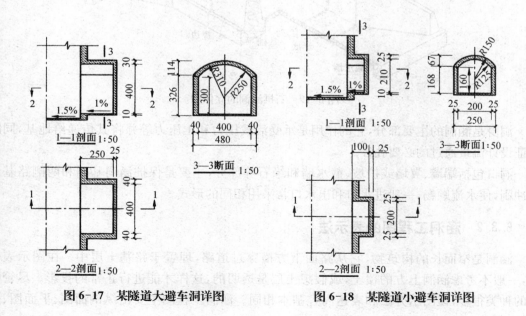

图 6-17　某隧道大避车洞详图　　　　图 6-18　某隧道小避车洞详图

6.3 涵洞工程图

6.3.1 概述

涵洞是公路工程中渲泄小量流水的工程构筑物。涵洞顶上一般都有较厚的填土,填土不仅可以保持路面的连续性,而且分散了汽车荷载的集中压力,并减少它对涵洞的冲击力。涵洞按所用建筑材料可分为钢筋混凝土涵、混凝土涵、石涵、砖涵、木涵等;接构造形式可分为圆管涵、盖板涵、拱涵、箱涵等;按洞身断面形状可分为圆形涵、拱形涵、矩形涵、梯形涵等;按孔数可分为单孔涵、双孔涵、多孔涵等;按洞口形式可分为一字式(端墙式)、八字式(翼墙式)、领圈式、阶梯式等。

涵洞由洞口、洞身和基础3部分组成。图6-19为石拱涵洞的立体示意图,从中可以了解涵洞部分的名称、位置和构造。

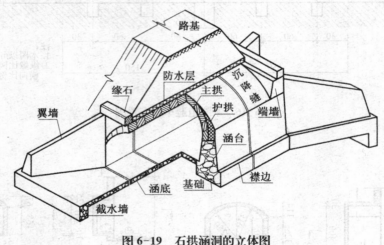

图6-19 石拱涵洞的立体图

洞身是涵洞的主要部分,它的作用是承受活载压力和土压力等并将其传递给地基,同时保证设计流量通过的必要孔径。

洞口包括端墙、翼墙或护坡、截水墙和缘石等部分,主要是保护涵洞基础和两侧路基免受冲刷,使水流顺畅,一般进水口和出水口常采用相同的形式。

6.3.2 涵洞工程图的表示法

涵洞是窄而长的构筑物,它从路面下方横穿过道路,埋置于路基土层中。在图示表达时,一般不考虑涵洞上方的覆土,或假想土层是透明的,这样才能进行正常的投影。尽管涵洞的种类很多,但图示方法和表达内容基本相同。涵洞工程图主要由纵剖面图、平面图、侧面图、横断面图及详图组成。

因为涵洞体积比桥梁小得多,所以涵洞工程图采用的比例较桥梁工程图大。现以常用的石拱涵洞和钢筋混凝土盖板涵洞为例,介绍涵洞的一般构造,具体说明涵洞工程图的图示特点和表达方法。

1. 石拱涵

图 6-19 所示为翼墙式单孔石拱涵立体图。图 6-20 所示则为其涵洞工程图,包括平面图、纵剖面图和出水口立面图等。

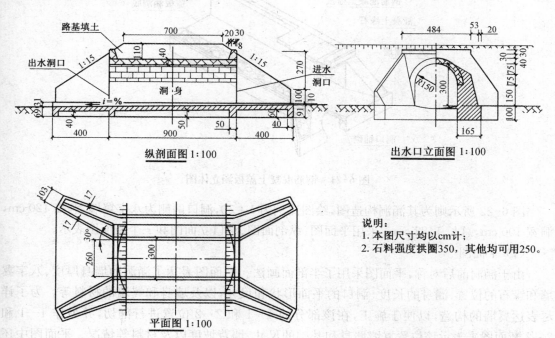

说明:
1. 本图尺寸均以cm计;
2. 石料强度拱圈350,其他均可用250。

图 6-20 某石拱涵洞工程图

（1）平面图

本图的特点在于拱顶与拱顶上的两端侧墙的交线均为椭圆弧,画该段曲线时,应按求截交线的方法画出。八字翼墙是两面斜坡,端部为铅垂面。

（2）纵剖面图

涵洞的纵向是指水流方向即洞身的长度方向。由于主要是表达涵洞的内部构造,所以通常用纵剖面图来代替立面图。纵剖面是沿涵洞的中心线位置纵向剖切的,凡是剖到的各部分如截水墙、涵底、主拱、护拱、防水层、涵台、路基等都应按剖开绘制,并画出相应的材料图例;另外能看到的各部分如翼墙、端墙、涵台、基础等也应画出它们的位置。为了显示拱底为圆柱面,每层拱圈石投影的高度不一,下疏而上密。图中还表达了洞底流水方向和坡度1%。

（3）出水口立面图

由于涵洞前后对称,侧面图采用了半剖面图的形式,即一半表达洞口外形和另一半表达洞口的特征以及洞身与基础的连接关系。左半部为洞口部分的外形投影,主要反映洞口的正面形状和翼墙、端墙、缘石、基础等的相对位置,所以习惯上称为洞口立面图。右半部为洞身横断面网,主要表达洞身的断面形状,主拱、护拱和涵台的连接关系,以及防水层的设置情况等。

2. 钢筋混凝土盖板涵

图 6-21 所示为钢筋混凝土盖板涵立体图。

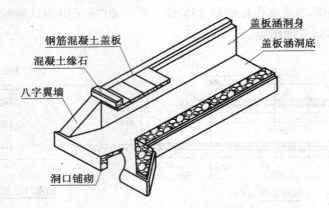

图 6-21　钢筋混凝土盖板涵立体图

图 6-22 所示则为其涵洞构造图,绘图比例为 1∶50,洞口两侧为八字翼墙,洞高 120 cm,洞宽 100 cm,总长 1482 cm。采用平面图、纵剖面图、洞口立面图和三个断面图表示。

（1）平面图

由于涵洞前后对称,平面图采用了半剖面画法。平面图表达了涵洞的墙身厚度、八字翼墙和缘石的位置、涵身的长度、洞口的平面形状和尺寸,以及墙身和翼墙的材料等。为了详尽表达翼墙的构造,以便于施工,在该部分的 1—1 和 2—2 位置进行剖切,并另作 1—1 和 2—2 断面图来表示该位置翼墙墙身和基础的尺寸、墙背坡度以及材料等情况。平面图中还画出了洞身的上部钢筋混凝土盖板之间的分缝线,每块盖板长 140 cm,宽 80 cm,厚 14 cm。

（2）纵剖面图

由于涵洞进口与出口基本一样,左右基本对称,所以只画半纵剖面图,并在对称中心线上用对称符号表示。该图是将涵洞从左向右剖切所得,表示了洞身、洞口、路基以及它们之间的相互关系。由于剖切平面是前后对称面,所以省略剖切符号。洞顶上部为路基填土,边坡比例为 1∶1.5。洞口设八字翼墙,坡度与路基边坡相同;洞身全长 1120 cm,设计流水坡度 1‰,洞高 120 cm,盖板厚 14 cm,填土 90 cm。从图中还可看出有关的尺寸,如缘石的断面为 30 cm×25 cm 等。

（3）洞口立面图

洞口立面图实际上就是左侧立面图,反映了涵洞口的基本形式,缘石、盖板、翼墙、基础等的相互关系,宽度和高度尺寸反映各个构件的大小和相对位置。

（4）洞身断面图

洞身断面图实际上就是洞身的横断面图,表示了涵洞洞身的细部构造及盖板的宽度尺寸。尤其是清晰表达了该涵洞的特征尺寸,涵洞净宽 100 cm,净高 120 cm,如图 6-22 中 3-3 断面所示。

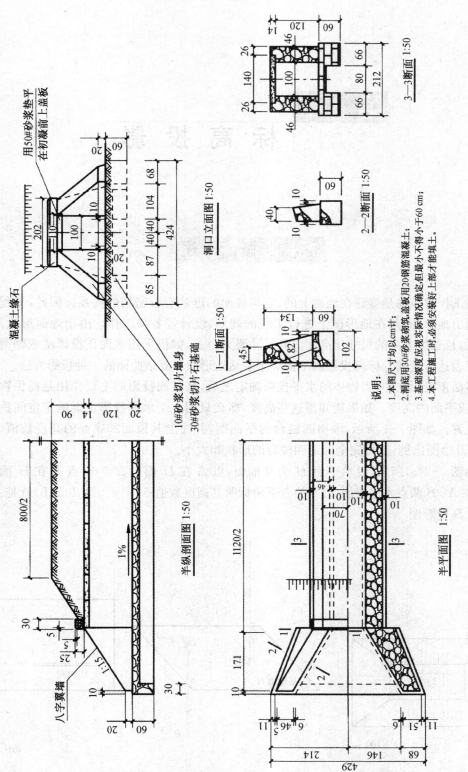

图 6-22　钢筋混凝土盖板涵洞构造图

第 7 章 标 高 投 影

7.1 概 述

水利工程建筑物是修建在地面上的,它与地面的形状有着密切的关系。因此,工程上常需要绘制出地形图,并在地形图上进行工程的规划、设计等各项工作。由于地面形状复杂,起伏不平,且长度方向的尺寸比高度方向尺寸要大得多,如仍采用多面正投影法或轴测投影法是难以表达清楚的。标高投影则是适应于表达地形面和复杂曲面的一种投影方法。

在多面正投影法中,当物体的水平投影确定之后,其正面投影的主要作用是提供物体上点、直线或平面的高度。如果能知道这些高度,那么只用一个水平投影也能确定空间物体的形状和位置。如图 7-1 所示,画出四棱台的平面图,并注上其顶面和底面的高度数值(2.00 和 0.00)及绘图比例,就可完全确定四棱台的形状和大小。

又如图 7-2(a)所示,设水平面 H 为基准面,点 A 在 H 面上方 5 m,点 B 在 H 面下方 4 m,就在 A、B 两点水平投影 a、b 的右下角标明其高度数值 5、-4。图 7-2(b)就是 A、B 两点的标高投影图。

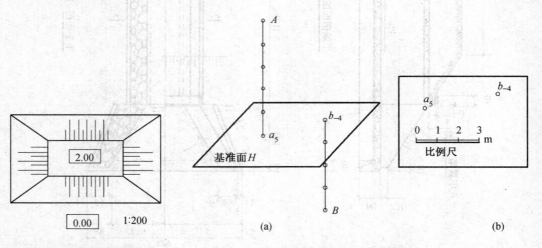

图 7-1　四棱台的标高投影　　　　　　　　　　图 7-2　点的标高投影

这种用水平投影与标注高度数值相结合来表达物体的方法称为标高投影法,所得到的投影图称为标高投影图。它是一种单面正投影。高度数值 5、－4 称为高程或标高。高程以 m 为单位,在图上不需注明。在工程图上一般采用与测量相一致的标准海平面作为基准面。为了根据标高投影确定物体的形状和大小,在标高投影图上必须注明绘图比例或画出图示比例尺。

在标高投影中,有时为了更清楚地表示物体或为了图解某些问题,也需要画出物体在辅助投影面(铅垂面)上的投影。

7.2 直线和平面的标高投影

7.2.1 直线的标高投影

在标高投影中,直线的位置也是由直线上的两个点或直线上一点及该直线的方向来确定。

1. 直线的表示法

(1) 直线由其水平投影并加注直线上两点的标高投影来表示。如图 7-3 中一般位置直线 AB 和 H 面垂直线 CD,它们的标高投影分别是如 $a_3 b_6$ 和 $c_6 d_2$,CD 的投影积聚成一点。

(2) 一般位置直线也可由直线上一点的标高投影以及该直线的下降方向和坡度 i 来表示。如图 7-3 所示,e_5 为直线上点,直线的方向是用坡度 $i=1$ 和箭头表示的,箭头指向下坡。

(3) 水平线因平行于 H 面,放直线上各点的高度均相等,称为等高线。等高线只要画出它的 H 面投影,并注明其标高数值(可在直线的上方注一个标高数值),就能唯一地确定该直线的空间位置。如图 7-3 中的 FG 直线。

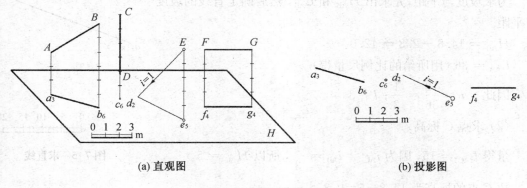

(a) 直观图　　　　　　　　　　　(b) 投影图

图 7-3　直线的标高投影

2. 直线的坡度和平距

直线上两点之间的高度差和它们的水平距离(水平投影长度)用符号 i 表示,如图 7-4 所示。

$$i = \frac{高度差(H)}{水平距离(L)} = \tan\alpha$$

上式表明直线上两点的水平距离为 1 单位(m)时两点间的高度差即等于坡度。

当直线上两点的高度差为 1 单位(m)时两点间的水平距离称为平距,用符号 l 表示。

$$l = \frac{水平距离(L)}{高度差(H)} = \cot\alpha = \frac{1}{i}$$

由此可知,直线的坡度与平距互为倒数,即 $i = \frac{1}{l}$。坡度大则平距小,坡度小则平距大。

若已知直线上两点的高度差 H 和平距 l,就可利用公式 $L = l \times H$ 计算出两点间的水平距离 L。

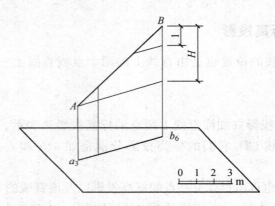

图 7-4　直线的坡度和平距

【例 1】　求图 7-5 所示直线的坡度与平距,并求直线上点 C 的标高。

解:(1) 求坡度与平距

为求坡度与平距,先求出 H_{AB} 和 L_{AB},然后确定直线的坡度
与平距。

$$H_{AB} = 14.8 - 2.8 = 12.0$$

$$L_{AB} = 36 (用所给的比例尺量得)$$

因此　$i = \frac{12}{36} = \frac{1}{3}$;$l = 3$

(2) 求点 C 标高

量得 $L_{AC} = 15$,因为 $i_{AC} = i_{AB} = \frac{1}{3}$,所以 $H_{AC} = 5$。

图 7-5　求直线

故 C 点的标高为 $14.8 - 5 = 9.8$

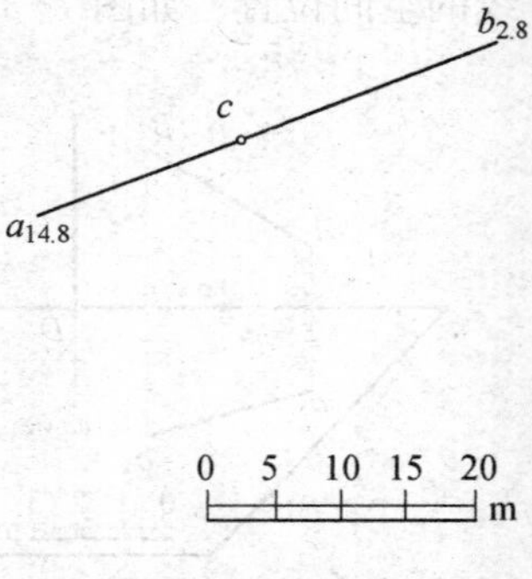

【例 2】　求图 7-6(a)所示直线上各整数表高点。

解:方法 1——计算法

首先求出直线的坡度与平距:$i = \frac{1}{3}$;$l = 3$。

因 $l=3$，可知高程为 4 m，5 m，6 m，7 m 各点的水平距离均为 3 m。高程 7 m 的点与高程 7.3 m 的点 A 之间的水平距离 $= H \times l = (7.3-7) \times 3 = 0.9$ m。自 $a_{7.3}$ 沿 ab 方向依次量取 0.9 及 3 个 3 m，就得到高程 7 m，6 m，5 m，4 m 的整数标高点，如图 7-6(b) 所示。

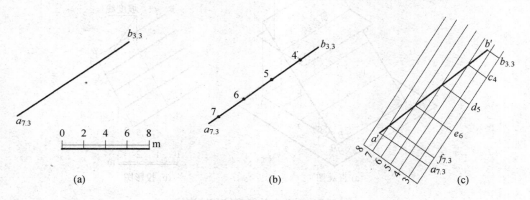

(a)   (b)   (c)

图7-6 求直线上各整数标高点

方法 2——图解法

如图 7-6(c) 所示，作辅助铅垂投影面 V 平行于直线 AB，在 V 面上按适当比例作相应整数高程的水平线（水平线平行于 ab，最低一条高程为 3 m，最高一条高程为 8 m，图上未标出投影轴），根据 A、B 两点的高程作出 AB 的 V 面投影 $a'b'$，它与各水平线的交点即 AB 线上相应整数标高点的 V 面投影。自这些点作 ab 的垂线，即可得到 AB 线上各整数标高点 c_4，d_5，e_6，f_7。

如作辅助正面投影时，所采用的比例与标高投影的比例一致，则 $a'b'$ 反映线段 AB 的实长及对 H 面的倾角 α。

7.2.2 平面的标高投影

1. 平面上的等高线和坡度线

平面上的水平线称为平面上的等高线，因为水平线上各点到基准面的距离是相等的。平面上的等高线也可以看作是许多间距相等的水平面与该平面的交线。水平面的间距就是等高线的高差。在实际应用中常采取平面上整数标高的水平线为等高线，并把平面与基准面（H 面）的交线，作为高程为零的等高线，如图 7-7(a) 所示。

图 7-7(b) 表示平面上等高线的标高投影。平面上的等高线有以下一些特性：

（1）等高线是直线。

（2）等高线互相平行。

（3）高差相等时，等高线的平距相等。

坡度线就是平面上对 H 面的最大斜度线，如图 7-7(a) 中直线 AB。它与等高线 BC 垂直，它们的投影也互相垂直，即 $ab \perp bc$。坡度线 AB 对 H 面的倾角 α 就是平面 P 对 H 面的倾角，因此坡度线的坡度就代表该平面的坡度。

2. 平面的表示法

（1）用平面上的一组等高线表示

一平面上的诸等高线必互相平行，且它们之间的平距也相等。因此一组等高线完全可以决定一个平面,如图 7-7 所示。

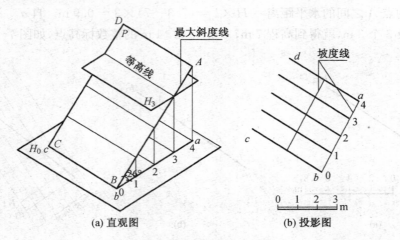

图 7-7　平面上的等高线和坡度线

（2）由平面上一条等高线和平面的坡度表示

因为平面上的一条等高线和一条坡度线是两相交直线,它们完全可以决定一个平面。

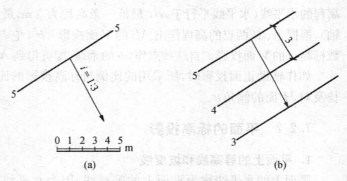

图 7-8　同平面上的等高线和坡度线表示平面

如图 7-8(a)所示,平面上一条等高线的标高为 5,坡度线垂直于等高线,在坡度线上画出指向下坡的箭头,并标出平面的坡度 i。由于平面的坡度为已知,则平面的方向和位置就确定了。如要作出平面上的等高线,先利用平面的坡度求得等高线的平距,然后在坡度线上按图中所给比例截取平距,过各分点作已知等高线的平行线,即得到平面上等高线的标高投影,如图7-8(b) 所示。

（3）由平面上一条倾斜直线和平面的坡度表示

如图 7-9(a)所示,给出了平面上一条倾斜直线的标高投影 a_6b_2,大致坡向用虚线箭头画出,箭头仍指向下坡。其坡度线的准确方向需待作出平面上的等高线后才能确定。图 7-9(b)表示该平面上等高线的作法。该平面上高程为 2 的等高线必通过点 b_2,且与 a_6 的水平距离 $L=l \times H=1 \times 4=4\,\mathrm{m}$。以 a_6 为圆心,半径 $R=4\,\mathrm{m}$ 作圆弧,过点 b_2 作直线与圆弧相切,切点为 c_2,直线 c_2b_2 即为此平面上高程为 2 的等高线。

上述作图方法如图 7-9(c)所示:以点 A 为锥顶,作一素线坡度为 1∶1 正圆锥,此圆锥与高程为 2 的水平面交于一圆,此圆的半径为 4 m,图 7-9(b)中只画出一段圆弧,过直线 AB 作一平面与此圆锥相切,切线 AC 是圆锥的一条素线,也是所作平面上的一条坡度线,直线 BC 就是该平面上高程为 2 的等高线。

图 7-9(b)中画出了该平面的示坡线,示坡线的方向规定为与该平面上的等高线垂直。

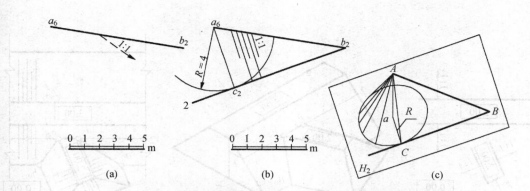

图7-9 用平面上的非等高线和坡度线表示平面

3. 两平面的交线

在标高投影中,求两平面(或曲面)的交线仍然利用辅助平面法,通常采用整数标高的水平面作为辅助平面。如图7-10所示,水平辅助平面与两个相交平面的截交线是两条相同高程的等高线。这两条等高线的交点就是两平面(或曲面)的共有点。所以在标高投影中,就是利用平面上高程相等的两条等高线的交点相连来作交线。

在实际工程中,把建筑物上相邻两坡面的交线称为坡面交线,坡面与地面的交线称为坡脚线(填方)或开挖线(挖方)。

【例3】 已知两土堤顶面的高程、各坡面的坡度、地面的高程,如图7-11(a)所示,试作相交两堤的标高投影图。

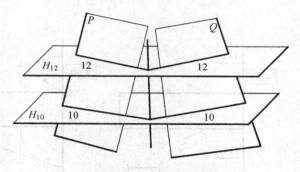

图7-10 用等高线求两平面的交线

解:分析:本题需求三种交线:一为坡脚线,即各坡面与地面的交线;二为支堤堤顶与主堤边坡面的交线 A_2B_2;三为主堤坡面与支堤坡面的交线 A_0A_2、B_0B_2,如图7-11(b)所示。

(1)求坡脚线。以主堤为例,说明作图方法:求出堤顶边缘到坡脚线的水平距离 $L = H/i = 3/1 = 3$,沿两侧坡面的坡度线按比例量取3个单位得一截点,过该点作出顶面边线的平行线,即得两侧坡面的坡脚线。同法作出支堤的坡脚线。

(2)求支堤堤顶与主堤坡面的交线。支堤堤顶标高为2,它与主堤坡面的交线就是主堤坡面上标高为2的等高线中 a_2b_2 一段。

(3)求主堤与支堤坡面间的交线。它们的坡脚线交于 a_0 和 b_0,连 a_0a_2 和 b_0b_2,即得主堤与支堤坡面间的交线。

(4)画出各坡面的示坡线,如图7-11(c)所示。

【例4】 求如图7-12(a)所示水平场地和斜坡引道两侧的坡脚线及其坡面间的交线。

解:分析:从图7-12(a)中可知,水平场地和斜坡引道两侧的坡脚线就是各坡面与地面的交线,即坡面上标高为0的等高线。两坡脚线之交点 E 和 F 为两坡面的一个共有点,连 AE、DF 即为各坡面交线。

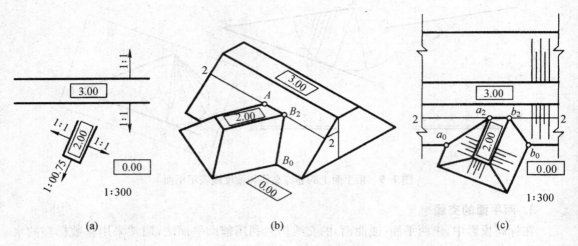

图 7-11　两堤斜交的标高投影图

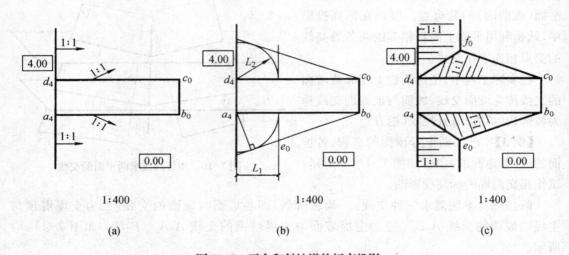

图 7-12　平台和斜坡道的标高投影

（1）求坡脚线。如图 7-12(b)所示，坡脚线即为各坡面上高程为零的等高线。水平场地边坡的坡脚线与其边缘线 a_4b_4 平行，水平距离 $L_1 = 1 \times 4 = 4$ m。

引道两侧坡脚线求法与图 7-9 相同：分别以 a_4、d_4 为圆心，$L_2 = l \times 4$ m 为半径画圆弧，再自 b_0、c_0 分别作此二圆弧的切线，即为引道两侧的坡脚线。

（2）求坡面交线。如图 7-12(c)所示，水平场地边坡的坡脚线与引道两侧坡脚线的交点 e_0、f_0 就是水平场地坡面与引道两侧坡面的共有点，a_4、d_4 也是水平场地坡面和引道两侧坡面的共有点，连接 a_4、e_0 及 d_4、f_0，就是所求的坡面交线。

（3）画出示坡线。引道两侧边坡的示坡线，应分别垂直于坡面上的等高线 b_0f_0 和 c_0f_0，如图 7-12(c)所示。

7.3　曲面的标高投影

这里介绍土木、水利工程中常见的锥面、同坡曲面、地形面等的标高投影,其表示法分别述说如下:

1. 锥面的标高投影

在标高投影中圆锥面的底圆为水平面。用一组高差相等的水平面与圆锥相交,截交线都为圆。用这组标有高度数值的圆的水平投影来表示圆锥,如图7-13所示。如果是正圆锥,圆锥正立时,其标高投影是一组半径差相等的同心圆,等高线越靠近圆心,标高数字越大,如图7-13(a)所示;当圆锥倒立时,等高线越靠近圆心,标高数字越小,如图7-13(b)所示;如果是斜圆锥面,则圆锥面的标高投影为一组偏心圆,如图7-13(c)所示。

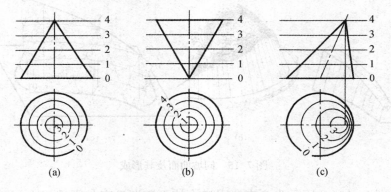

图7-13　锥面的标高投影

在土石方工程中,常将建筑物的侧面做成坡面,而在其转角处做成与侧面坡度相同的圆锥面,如图7-14所示。当正圆锥的轴线垂直于水平面时,锥面上所有素线的坡度都相等。素线坡度也就是圆锥面的坡度,所以正圆锥面上的示坡线应该通过锥顶画出。

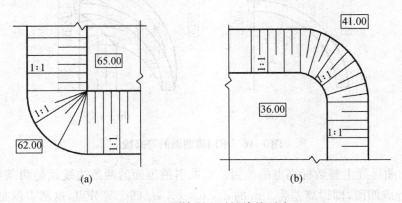

图7-14　圆锥面上示坡线的画法

2. 同坡曲面的标高投影

图 7-15(a)所示是一段弯曲斜坡道,它的两侧边坡是曲面,曲面上任何地方的坡度都相同,这种曲面称为同坡曲面。

同坡曲面的形成方法如图 7-15(c)所示。一正圆锥的锥顶沿空间曲导线 MN 运动,运动时圆锥的轴线始终垂直于水平面,圆锥顶角不变,则所有正圆锥的外公切曲面(包络曲面)即为同坡曲面。因为这个曲面上每条素线都是这个曲面与圆锥的切线,所以曲面上所有素线对水平面的倾角都相同。正圆锥面是同坡曲面的特例,此时导线 MN 退化成为一点。如果用一水平面同时截割正圆锥面和同坡曲面,则所产生的两条截交线也一定相切,切点在同坡曲面与正圆锥面的切线上。同坡曲面上的等高线就是利用这种关系画出来的。同坡曲面上的等高线具有正圆锥面等高线类似的特点,即等高线互相平行;当高差相等时,等高线之间的水平距离也相等。

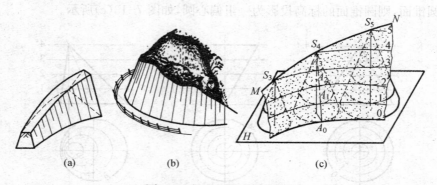

图 7-15 同坡曲面及其形成

【例 5】 图 7-16(a)所示为一弯曲引道由地面逐渐升高与干道相连,干道顶面高程为 4 m,地面高程为 0。弯曲引道两侧的坡面就是同坡曲面,其等高线作法如下:

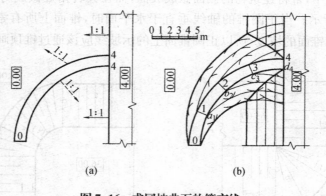

图 7-16 求同坡曲面的等高线

(1) 定出曲导线上整数标高点的位置。弯曲引道顶面的两条边线就是两条导线,现将其中一条导线分成四段,即得高差为 1 m 的 a_1,b_2,c_3,d_4 四个等分点,这凿点就是运动正圆锥的锥顶位置。

(2) 算出同坡曲面上高差为 1 m 的等高线之间的平距。根据坡度 $i = 1 : 1$,则平距 $l =$

$1/i = 1$。

（3）作出各正圆锥面的等高线。以锥顶 a_1，b_2，c_3，d_4 为圆心，分别以 $R = l$，$2l$，$3l$，$4l$ 为半径画同心圆，即得各锥面上的等高线。

（4）作各正圆锥面上同高程等高线的公切曲线，即为同坡曲面上相应高程的等高线（曲线），如图 7-16(b)所示。同法可作出另一侧同坡曲面上的等高线。

图中还作出了同坡曲面与干道坡面的交线，连接两坡面上同高程等高线的交点，就得到两坡面的交线。

3. 地形面的标高投影

地形面的标高投影仍然是用地形面上的等高线来表示。假想用一组高差相等的水平面截割地面，就可以得到一组高程不同的等高线，如图 7-17(a)所示（水面与池塘岸边的交线也是地形面上的一条等高线）。画出地面等高线的水平投影，并注明每条等高线的高程和绘图比例，即得地形面的标高投影，这种图称为地形图，如图 7-17(b)所示。地形面上等高线高程数字的字头按规定指向上坡方向。相邻等高线之间的高差称等高距，图 7-17 中的等高距为 1 m。

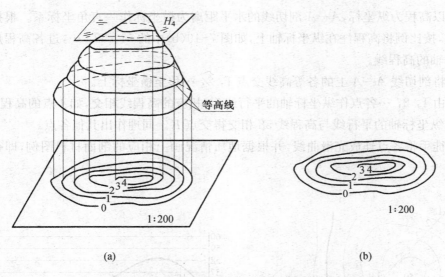

(a)   (b)

图 7-17　地形等高线及其标高投影

用这种方法表示地形面，能够清楚地反映出地形面的形状，地势的起伏变化，以及坡向等。如图 7-18 中右方环状等高线中间高，四周低，表示一小山头；山头东北面等高线较密集，平距小，表示地势陡峭；西南面等高线平距较大，表示地势平坦，坡向是北边高南边低。本图中的等高距为 5 m。

4. 地形断面图

用铅垂面剖切地形面，所得到的坡面形状称为地形断面图，如图 7-19(b)所示。铅垂面与地面相交，在平面图上积聚成一直线，用剖切线 $A—A$ 表示，它与地面等高线交于 1，2，…等点，如图 7-19(a)所示，这些点的高程与所在等高线的高程相同。据此，可以作出地形断面图。作图方法如下：

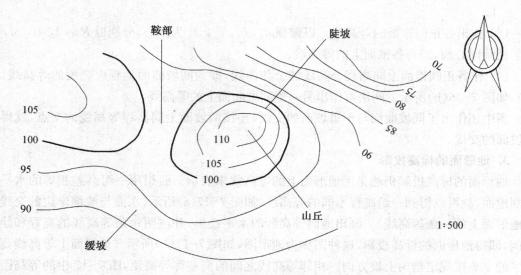

图7-18 地形面的标高投影（地形等高线）

（1）以高程为纵坐标，A—A 剖切线的水平距离为横坐标作一直角坐标系。根据地形图上的高差，按比例将高程注在纵坐标轴上，如图7-19(b)中的 51，52，…，过各高程点作平行于横坐标轴的高程线。

（2）将剖切线 A—A 上的各等高线交点 1，2，…移至横坐标上。

（3）由 1，2，…各点作纵坐标轴的平行线，与相应的高程线相交，如 4 点的高程为 58 m，过 4 点作纵坐标轴的平行线与高程线 58 相交得交点 K。同理作出其他各点。

（4）徒手将各点连成光滑曲线，并根据地质情况画上相应的剖面材料图例，即得地形断面图。

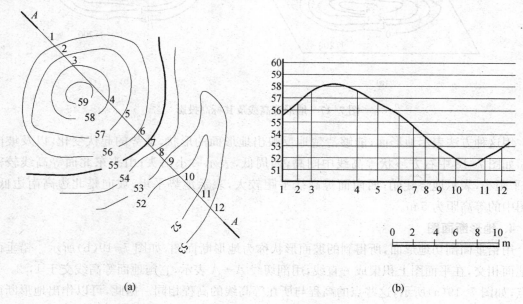

(a)   (b)

图7-19 地形断面图

7.4 标高投影的应用举例

7.4.1 平面与地形面的交线

求地面与地形面的交线,即求平面上与地形面同标高等高线的交点,然后用平滑的曲线顺次连接起来即可。

【例6】 如图 7-20(a)所示,在河道上修一土坝,坝顶面高程 50 m,土坝上游坡面坡度 1:1.5,下游坡面坡度 1:2,试求坝顶、上下游边坡与地面的交线。

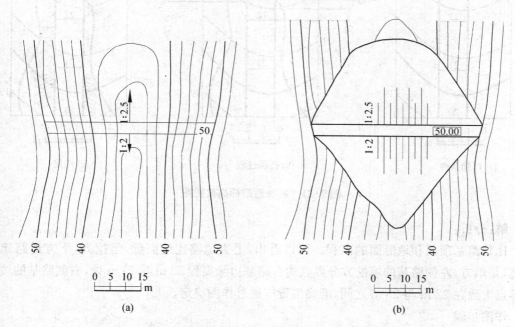

图 7-20 求土坝标高投影图

解:分析:

坝顶高程为 50 m,高出地面,属于填方。土坝顶面为水平面,坝两侧坡面均为一般平面,它们在上下游与地面都有交线,由于地面是不规则曲面,所以交线是不规则曲线。

作图步骤

(1)土坝顶面是高程为 50 m 的水平面,它与地面的交线是地面上高程为 50 m 的等高线。延长坝顶边线与高程为 50 m 的地形面等高线相交,从而得到坝顶两端与地面的交线。

(2)求上游坡面同地形面的交线。作出上游坡面的等高线,等高线的平距为其坡面坡度的倒数,即 $i = 1:2.5$,$l = 2.5$ m,则在土坝上游坡面上作一系列等高线,坡面与地面上同高程等高线的交点就是坡脚线上的点。坡面上高程为 38 m 的等高线与地面有两个交点,高程为 34 m 的等高线与地形面高程为 34 m 的等高线不相交,这时可采用内插法加密等高线,求出共有点,依次用光滑曲线连接共有点,就得到上游坡面的坡脚线。

（3）下游坡面的坡脚线求法与上游坡面相同，只是下游坡面坡度为 $1:2$，所以坡面上的相邻等高线的平距 $l=2\,\mathrm{m}$。

（4）画上示坡线，完成作图。

【例 7】 图 7-21(a)所示为某地面一直线斜坡道路，已知路基宽度及路基顶面上等高线的位置，路基挖方边坡为 $1:1$，填方边坡为 $1:1.5$，试求各边坡与地形面的交线。

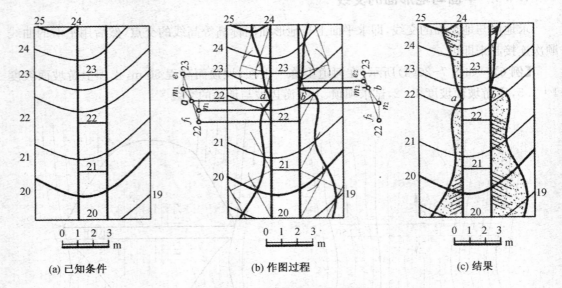

(a) 已知条件   (b) 作图过程   (c) 结果

图 7-21　斜坡道路标高投影图

解： 分析：

比较路基顶面和地面的高程。可以看出，上方道路比地面低，是挖方，下方道路比地面高，是填方，左侧路基的填挖方分界点约在路基边缘高程 22 m 与 23 m 处，右侧路基的填挖分界点大致在 22 m 与 23 m 之间，准确位置应通过作图确定。

作图步骤

（1）作填方两侧坡面的等高线，以路基边高程为 21 m 的点为圆心，平距 11.5 m 为半径作圆弧，由路基边界上高程 20 m 的点作此圆弧的切线，就得到填方坡面上高程为 20 m 的等高线。过路基边界上高程为 21 m、22 m 的点分别引此切线的平行线，得到填方坡面上相应高程的等高线。

（2）作挖方两侧坡面的等高线。求法与作填方两侧坡面的等高线相同，但方向与同侧填方等高线相反。

（3）分别作左右侧路缘地面的铅垂断面，求出路缘直线与地形断面的交点，即为填挖分界点。方法如下：

确定左侧填挖分界点，延长路基面高程为 22 m、23 m 的等高线与图左侧平行路缘的直线相交于点 f、d，此时左侧 fd 之间等高距为 1，过 f 点作高 1 单位的点 e，连接直线 ef，则 efd 路缘高程 22 m 和 23 m 之间的左侧路缘断面。用同样的方法可作出路缘的地形面高程 22 m、23 m 等高线之间的左侧地形断面 mnc。直线 ef、mn 相交于点 k，过 k 点作左侧路缘直

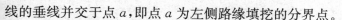

线的垂线并交于点 a，即点 a 为左侧路缘填挖的分界点。

同样可求出路缘右侧填挖分界点。

（4）连接交点。将路基坡面与地形面同高程的交点顺次用光滑曲线相连，就得到坡脚线和开挖线，如图 7-21(b) 所示。

（5）画出示坡线，完成作图，如图 7-21(c) 所示。

7.4.2 曲面与地形面的交线

求曲面与地形面的交线，即求曲面与地形面上一系列高程相同等高线的交点，然后把所得的交点依次相连，便得到曲面与地形面的交线。

【例 8】 如图 7-22(a) 所示，在山坡上要修筑一个半圆形的水平广场，广场高程为 30 m，填方坡度为 1：1.5，挖方坡度为 1：1，求填挖边界线。

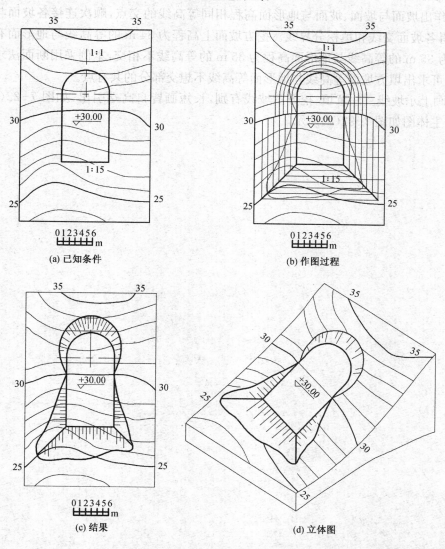

(a) 已知条件

(b) 作图过程

(c) 结果

(d) 立体图

图 7-22 求广场的填挖边界线

解:分析:

(1) 广场高程为 30 m,所以等高线 30 m 以上的部分为挖方,等高线 30 m 以下的部分是填方。

(2) 填方和挖方坡面都是从广场的周界开始,在等高线 30 m 以下有三个填方坡面;在等高线 30 m 以上有三个挖方坡面。边界为直线的坡面是平面,边界是圆弧的坡面是倒圆锥面。

作图步骤(图 7-22(b))

(1) 求挖方坡面等高线。由于挖方的坡度为 1∶1,则平距 $l = 1$,所以,以 1 单位长度为间距,顺次作出挖方部分的两侧平面边坡坡面的等高线,并作出广场半圆界线的半径长度加上整数位的平距为半径的同心圆弧,即为倒圆锥面上的系列等高线。

(2) 求填方坡面等高线。方法同挖方坡面等高线,只是填方边坡坡面均为平面,且平距 $l = 1.5$ 单位。

(3) 作出坡面与坡面、坡面与地形面高程相同等高线的交点,顺次连接各坡面与地形面交点,即得各坡面交线和填挖分界线。挖方坡面上高程为 34 m 的等高线与地形面有两个交点,高程为 35 m 的等高线与地形面高程为 35 m 的等高线不相交,本例采用断面法求出共有点。同样可求出填方坡面等高线与地形面等高线不想交部分的共有点。

(4) 画上示坡线。注意填、挖方示坡线有别,长短画皆自高端引出,如图 7-22(c)所示。完成后的主体图如图 7-22(d)所示。

第8章 水利工程图

8.1 概　述

表达水利工程建筑物及其施工过程的图样称为水利工程图,简称水工图。本章将结合水利工程的实际情况,对常见的水工建筑物、水工建筑物中的结构以及水工图的分类及图示特点作简要介绍。

8.1.1 水工建筑物

为了达到防洪、灌溉、发电、航运和供水等目的,充分利用和控制自然界的水资源,通常需要修建不同类型的建筑物,用于挡水、泄水、输水、排沙等,这些工程设施称为水工建筑物。一项水利工程,常从综合利用水资源出发,同时修建几个相互联系但具有不同作用的建筑物,这种相互协同工作的建筑物群称为水利枢纽。图 8-1 为我国韶山灌区引水枢纽布置图。

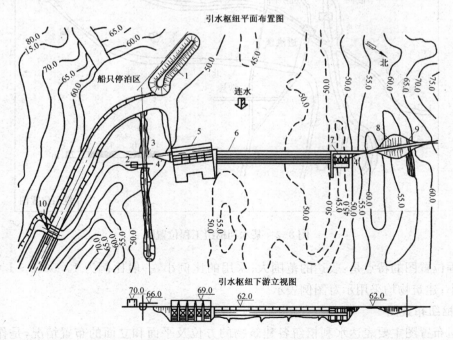

1—导航堤;2—机房;3—斜面升船机;4—重力坝;5—泄洪闸;6—滚水坝;7—电站;8—上坝;
9—支渠进水管;10—进水闸

图 8-1　韶山灌区引水枢纽布置图

该枢纽主要由拦河坝、发电站、升船机、泄洪闸等建筑物组成。

8.1.2　水工图的分类

水利枢纽工程的建筑设计一般需要经过规划、初步设计、技术设计和施工设计几个阶段，各设计阶段均需绘出相应的图样。根据工程的复杂程度和设计阶段的不同，水工图主要有：工程位置图（包括灌溉区规划图）、枢纽布置图（总体布置图）、结构图、施工图和竣工图。

1. 工程位置图

工程位置图主要表达水利枢纽的地理位置、方位以及与枢纽有关的河流、道路、铁路、重要的建筑物和居民点等。如图 8-2 是某水利工程枢纽位置示意图。

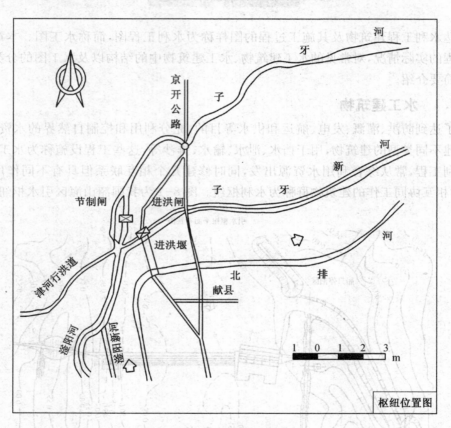

图 8-2　某水利枢纽工程位置图

工程位置图的特点是：表达的范围大；采用的比例小，一般比例为 1：5000～1：10000，甚至更小；建筑物均采用示意图例表示。

2. 枢纽布置图

枢纽布置图主要表达水利枢纽各建筑物的方位及平面和立面的布置情况，是作为各建筑物定位、施工放线、土石方施工以及施工总平面布置的依据。

枢纽布置图一般包括下列内容：

（1）水利枢纽所在地区的地形、河流及流向（用箭头表示）、地理方位（用指北针表示）和主要建筑物的控制点（基准点）的测量坐标。

（2）各建筑物的平面形状及其相互位置关系。

（3）各建筑物与地面的交线、填挖方边坡线。

（4）各建筑物的主要高程和其他主要尺寸。

（5）有关交通路线及重要建筑物。

枢纽布置图有以下特点：

① 枢纽平面布置图必须画在地形图上。一般情况下，枢纽平面布置图画在立面图的下方，有时也可画在立面图的上方或单独画在一张图纸上。

② 为了使图形主次分明，结构上的细部构造和次要轮廓线一般均省略不画，或采用示意图表示这些构造的位置、种类和作用。

③ 图中尺寸一般只标注建筑物的外形轮廓尺寸以及定位尺寸、主要部位的高程、填挖方坡度等。

3. 建筑物结构图

结构图是以枢纽中某一建筑物为对象的工程图，包括结构布置图、分部和细部构造图、钢筋混凝土结构图、钢结构图和木结构图等。

建筑物结构图一般包括下列内容：

（1）建筑物的整体和各组成部分的形状、大小、构造和所用材料。

（2）工程地质情况及建筑物与地基的连接方式。

（3）该建筑物与相邻建筑物的连接情况。

（4）建筑物的工作情况，如上游、下游工作水位、水面曲线等。

（5）建筑物上附属设备的位置、安装要求、工作条件等。

结构图的比例一般采用 $1：5 \sim 1：200$，在能表达清楚的前提下，应尽量选用较小的比例，以节省图纸。

4. 施工图

用于指导施工的图样称为施工图。它主要表达水利工程的施工组织、施工方法和施工程序等情况。如反映施工场地的施工总平面布置图；反映建筑物基础开挖和料场开挖的开挖图；反映混凝土分期分块的浇筑图；反映建筑物内钢筋配置、用量的钢筋图；反映建筑物施工方法和流程的施工方法图等。

8.2 水工图的表达方法与特点

8.2.1 基本表达方法

前面介绍的形体的一般图示方法，同样适用于表达水工建筑物。但因水工建筑物有其结构和设计施工上的特点，故图示方法有其特点，与其他工程图也有所不同。

1. 视图名称

在水利水电工程中,常把水流方向选成自上向下,或自左而右,用箭头表示水流方向。为区分河流的左、右岸,按水利部颁布的《水利水电工程制图标准》(简称"水标")规定:视向顺水流方向,左边叫左岸,右边叫右岸,在水工图中习惯将河流的流向布置成自上而下或自左而右,如图 8-3 所示。

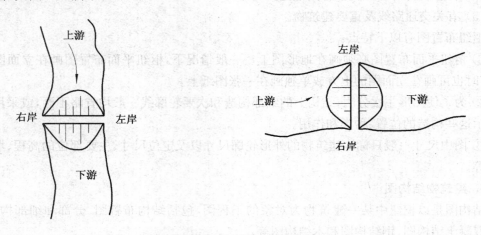

图 8-3　河流上下游和左右岸的约定

前面介绍的六个基本视图中,水工图中常用的是三视图,即正视图、俯视图和左视图。俯视图也称为平面图,正视图和左视图也称为立面图。视向顺水流方向的视图,可称为上游立面图;逆水流方向的视图,可称为下游立面图。由于水工建筑物许多部位被土层覆盖,而且内部结构也较复杂,所以剖视图和剖面图应用较多。当剖切面平行于建筑物长度方向轴线或顺河流流向时,所得到的剖视图称为纵剖视图。当剖切面垂直于建筑物轴线或河流流向时,所得到的剖视图称为横剖视图。

2. 视图配置

为了便于看图,每个视图都应标注图名,图名统一标注在视图的下方或上方。视图应尽可能按投影荦系配置。但有时由于建筑物的特点和图纸合理使用的关系,也可以不按投影关系配置。对于大型而复杂的建筑物,由于受图纸幅面的限制,每个视图还可以画在单独的图纸上。

8.2.2　其他表示方法

1. 合成视图

两个视向相反的视图(或剖视图),若它们图形都是对称或基本对称的,可采用各画一半的合成视图,中间用点画线分开,并分别标注相应的图名,如图 8-4 中的左视图即为进口立面图和 A—A 剖视图的合成视图。这种表达方法在水工图中被广泛采用,因为建在河流中的水工建筑物,其上游部分的结构往往与下游部分的结构不一样,所以一般需要绘制上游方向和下游方向的视图或剖视图、剖面图,为了使图形布置紧凑,减少绘图工作量,往往采用合成视图画法。

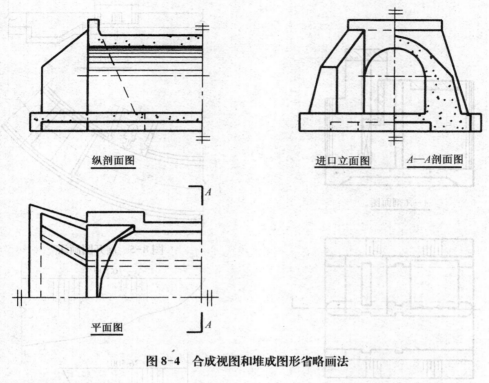

纵剖面图　　　　　　　　　　进口立面图　　A—A剖面图

平面图

图8-4　合成视图和堆成图形省略画法

2. 省略画法

(1) 若视图对称,为了节省图纸和减少绘图工作量,允许只画一半,对称面画点画线,并在点画线的两端标上对称符号,如图8-4中的平面图和纵剖视图。

(2) 当不影响图样的表达时,根据不同设计阶段和实际需要,视图和剖视图中的某些次要结构和设备可以省略不画。

3. 展开画法

当建筑物的轴线或中心线为曲线时,可以将曲线展开成直线后,绘制成视图、剖视图和剖面图,这时应在图名后注写"展开"二字。如图8-5为灌溉渠道,干渠的中心线为圆弧,所以选用柱面 A—A 作剖切面,剖切柱面的水平迹线与渠道的中心线重合。画图时,先把剖切柱面后方的建筑物投影到柱面上(按法线方向投影,即投射线与柱面正交),然后将柱面展开成平面而得到展开剖视图。为了读图和画图方便,支渠闸墩和闸孔的宽度仍按实际宽度画出。

4. 拆卸画法

当视图或剖视图中所要表达的结构被另外的结构或填土遮挡时,可假想将其拆掉或掀掉,然后再进行投影。如图8-6所示的平面图,因水闸左右对称,图中一半采用拆卸表示法,是拆去了工作桥面板的投影。

5. 连接画法

当图形较长时,允许将其分成两部分绘制,再用连接符号表示相连,并用大写字母编号,如图8-7所示。

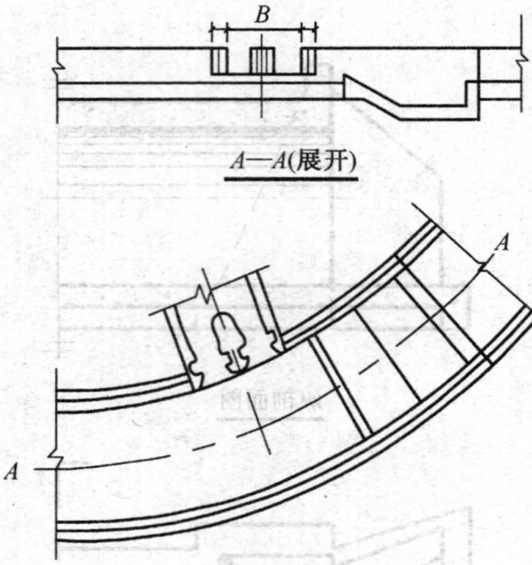

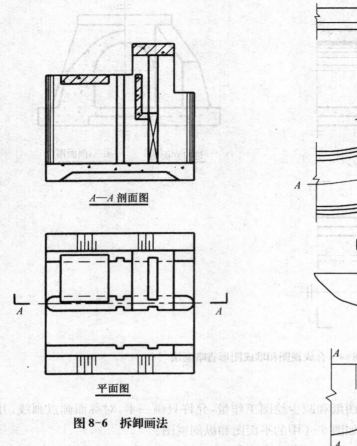

$A—A$ 剖面图

平面图

图 8-6 拆卸画法

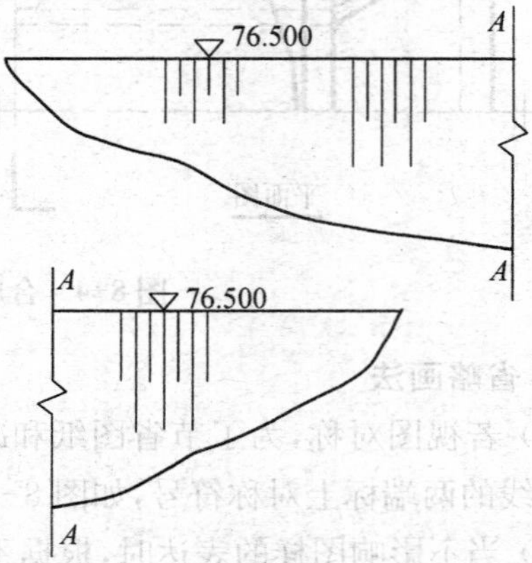

$A—A$(展开)

图 8-5 展开图画法

▽ 76.500

▽ 76.500

图 8-7 连接画法

6. 结构缝画法

建筑物中的各种分缝,如沉降缝、伸缩缝、施工缝和材料分界线等,虽然缝线两边的表面在同一平面内,但画图时均按可见轮廓线处理,即用一条粗实线表示,如图 8-8 所示。

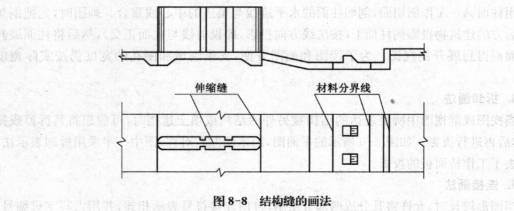

伸缩缝   材料分界线

图 8-8 结构缝的画法

7. 符号及图例

平面图中表示水流方向的箭头符号、指北针,根据需要可按图8-9所示式样绘制。指北针一般画在图幅的左上角,也可画在其他位置。

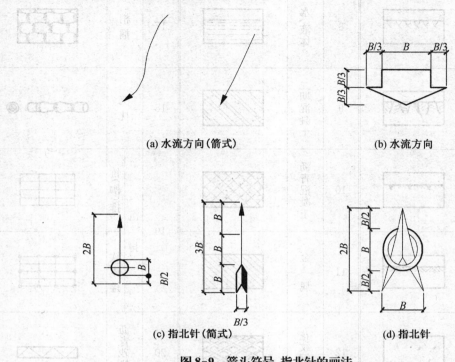

(a) 水流方向(箭式)   (b) 水流方向

(c) 指北针(简式)   (d) 指北针

图8-9   箭头符号、指北针的画法

立面图和平面图上的高程符号,按图8-10所示式样绘制,图线均用细实线,立面图上高程符号的尖端向下指,也可向上指,但尖端必须与被标注高度的轮廓线或引出线接触。标高数字一律注写在标高符号的右边。

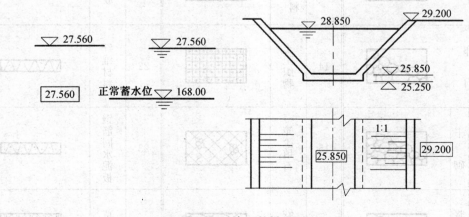

图8-10   高程符号的画法

水工图中常用的建筑材料图例见表8-1。需要说明的是等间距45°斜线图例在房屋图中表示砖,而在水工图中则表示金属材料,应用时要注意。

表 8-1 建筑材料图例

序号	名称	图例	序号	名称	图例	序号	名称	图例
1	岩石		8	水、液体		17	梢捆	
			9	二期混凝土		18	沉枕	
2	天然土壤		10	沥青混凝土		19	沉排	竹（柳）排
3	夯实土		11	金属				软体排
4	回填土		12	花纹钢板		20	沥青砂垫层	
5	黏土		13	防水或防潮材料		21	橡胶	
6	卵石		14	土工织物		22	纤维材料	
7	块石	干砌		15	笼筐填石		23	钢筋网水泥板	
		浆砌		16	砂（土）袋		24	草地	

在水工图中,常由于图形的比例较小,而使某些结构无法在图上表达清楚,对于某些附属设备如闸门、启闭机、吊车等,当另有专门的图样表示,也不需在图上详细画出时,可采用示意图例表达。水工建筑物常用图例见表8-2。

表8-2 建筑物平面图例

序号	名称		图例	序号	名称	图例	序号	名称		图例
1	水库	大型		8	船闸		19	沟	明沟	
		小型		9	升船机				暗沟	
2	混凝土坝			10	溢洪道		20	渠		
3	土石坝			11	渡槽		21	运河		
				12	隧洞		22	水池		
4	水闸			13	涵洞(管)		23	淤区		
5	水电站	大比例尺		14	虹吸		24	灌区		
		小比例尺		15	跌水		25	分蓄(洪)区		
6	变电站			16	丁坝		26	围垦区		
7	泵站			17	护岸		27	公路		
				18	堤		28	公路桥		

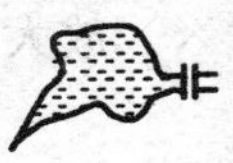

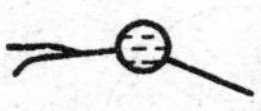

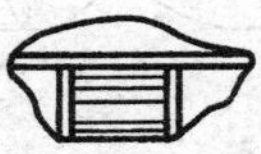

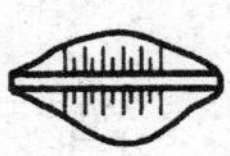

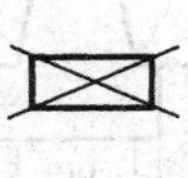

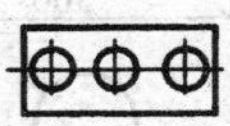

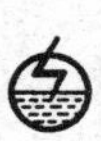

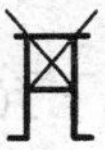

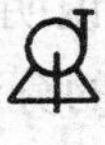

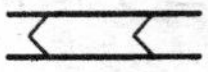

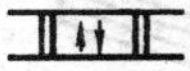

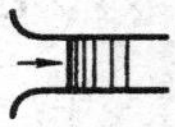

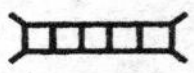

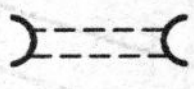

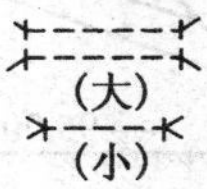

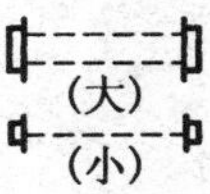

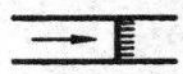

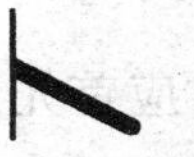

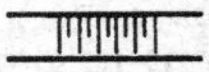

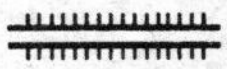

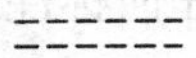

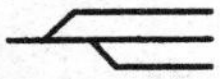

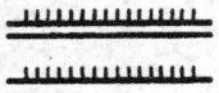

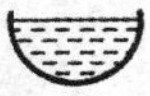

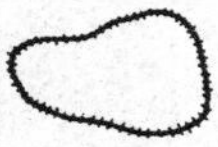

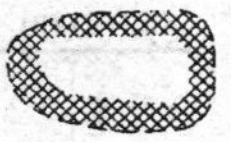

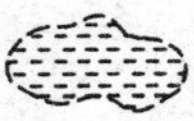

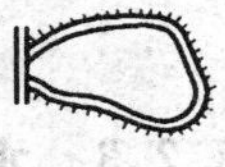

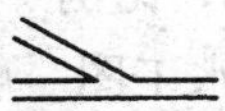

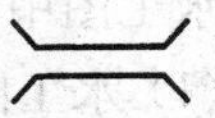

8. 详图

当物体的局部结构由于图形的比例较小而表达不清楚时,可将物体的这些局部结构用较大的比例画出,这种图称为详图或局部放大图,如图 8-11 所示。其表达方法是:在被放大部分处用细实线圆表示需要放大的部位,用引出符号进行标注,标注符号为直径 10 mm 的细实线圆,编号用分数形式,其中分子为详图编号,分母为详图所在图纸的编号。若详图在本张图纸内,则分母用"—"表示,并在详图的下方(或上方)标注相应的编号和比例。详图编号的圆用粗实线绘制,直径为 14 mm。也可采用注写图名的方法,如"××放大图",这时原图上不需任何标注。

详图可画成视图、剖面图、断面图,它与被放大部分的表达方式无关。

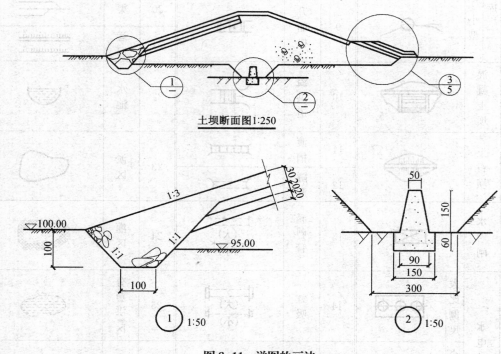

图 8-11　详图的画法

8.2.3　水工图的特点

1. 比例

水工图一般为缩小比例,制图时应首先选用常用比例,特殊情况下允许采用其他比例。常用的缩小比例为 $1:10^n$;$1:2\times10^n$;$1:5\times10^n$,n 为正整数。

2. 图线

水工图中图线的线型和用途基本上与土木建筑图中一致,现补充说明两点:

(1) 水工图中的粗实线除了表示可见轮廓线外,还用来表示结构的分缝线和地质断层线及岩性分界线,如图 8-8 所示。

(2) 水工图中的"原轮廓线"除了用双点画线表示外,还可以用虚线表示,如原地面线。

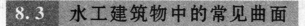

8.3 水工建筑物中的常见曲面

为改善水流条件或受力状况,以及节省建筑材料等,水工建筑物的某些表面往往做成曲面。常见的曲面有柱面(圆柱面、椭圆柱面、任意圆柱面)、锥面(圆锥面、椭圆锥面、任意圆锥面)、双曲抛物面、柱状面、锥状面、球面、环面、圆移曲面等。上述曲面中的圆柱面、圆锥面、球面、环面均属回转面,已研究过,这里只介绍回转面以外的曲面。

8.3.1 柱面

直母线沿曲导线移动,且始终平行于一直导线时,所形成的曲面称为柱面。如图 8-12 所示。曲导线可以是闭合的,也可以是不闭合的。

通常以垂直于轴线的截平面与柱面相交所得截交线的形状来命名各种不同的柱面。若截交线为圆,则称为圆柱面,如图 8-13(a)所示;若截交线为椭圆,则称为椭圆柱面,如图 8-13(b)所示。

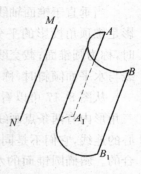

图 8-12　柱面的形成

图 8-14 所示为一斜椭圆柱面,斜椭圆柱面的曲导线为水平圆,因其轴线与水平圆倾斜,故称为斜椭圆柱面。若用垂直于轴线的截平面与柱面相交,所得截交线的形状为椭圆。

斜椭圆柱面的三个投影都具有积聚性,上、下底圆的水平投影不重合。其正面投影为一个平行四边形,侧面投影是一个矩形。请自行分析三个视图外形轮廓线的空间位置及投影。

在斜椭圆柱面上取点时,可利用柱面上的素线或水平圆作辅助线,如图 8-14 所示。

图 8-15 所示闸墩的左端为半斜椭圆柱面,右端为半圆柱面。

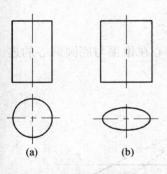

图 8-13　圆柱及椭圆柱面

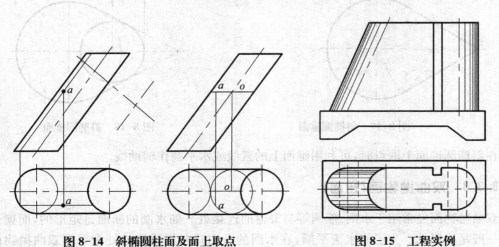

图 8-14　斜椭圆柱面及面上取点　　　　**图 8-15　工程实例**

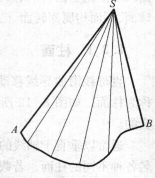

在水工图中,为了增加图样的明显性,常在曲面无积聚性的投影图上用细实线画出若干素线,这些素线相当于曲面上一些等距离素线的投影。素线越靠近轮廓线其距离就越密,越靠近轴线则越稀。

8.3.2 锥面

直母线沿曲导线移动,且始终通过一定点 S 时,所形成的曲面称为锥面,如图 8-16 所示。曲导线可以是闭合的,也可以是不闭合的。定点 S 称为锥面的顶点,锥面上所有素线都通过锥顶。

当垂直于锥面轴线(锥面的轴线是两对称平面的交线,它的投影是锥顶角投影的平分线)的截平面与锥面相交,其截交线为圆时,称为圆锥面;截交线为椭圆时称为椭圆锥面。若椭圆锥面的轴线与水平面倾斜时,称为斜椭圆锥面,如图 8-17 所示。

从图 8-17 可以看出,斜椭圆锥面的正面投影是一个三角形,三角形内有两条点画线,其中一条为轴线,另一条为锥顶与底圆圆心的连线,它们不是同一直线。而正圆锥面的上述两条直线是重合的。斜椭圆锥面的水平投影是一个圆以及与圆相切的两直线 sa、sb(水平面外形轮廓线),相应的另两个投影为 $s'a'$、$s'b'$;$s''a''$、$s''b''$,但图样中一般不画出。

图 8-16 锥面的形成

若用平行于斜椭圆锥底面的平面截此锥面,截交线都是圆。圆心在锥顶与底圆圆心的连线上,半径大小则随截平面的位置不同而不同,如图 8-18 所示。

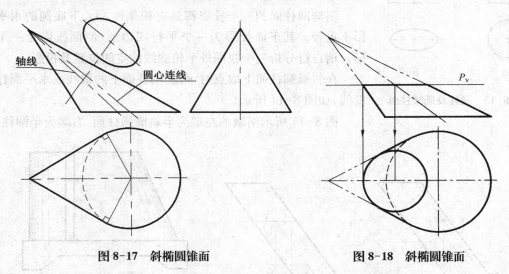

图 8-17　斜椭圆锥面　　　　　　　　　图 8-18　斜椭圆锥面

在斜椭圆锥面上取点时,可利用锥面上的素线或水平圆作辅助线。

8.3.3 双曲抛物面(扭面)

双曲抛物面经常用于水闸、船闸等与渠道的连接处。如水闸的断面是矩形的,而渠道的断面一般是梯形的。为了使水流平顺,在水闸的进出口与渠道连接处常采用双曲抛物面过渡,如图 8-19 所示(为过渡段轴测图的一半)。这种过渡段在工程上称为翼墙。

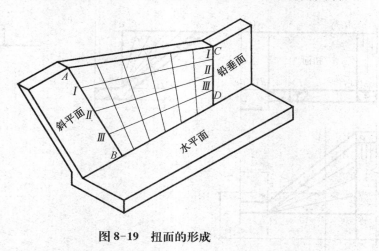

图 8-19   扭面的形成

图 8-19 所示双曲抛物面 *ABCD* 的形成如图 8-19,双曲抛物面 *ABCD* 可以看作是一直母线 *AC* 沿两交叉直导线 *AB*(侧平线)和 *CD*(铅垂线)移动,且始终平行于一导平面(水平面)而形成。素线 *AC*、*I-I* 等都是水平线,其正面投影和侧面投影都是水平方向的直线,而素线的水平投影则呈放射状线束,如图 8-20(a)所示。

上述双曲抛物面 *ABCD* 也可看作是一直母线 *AB* 沿两交叉直导线 *AC*(水平线)和 *BD*(侧垂线)移动,且始终平行于一导平面(侧平面)而形成。素线 *AB*、*MN* 等都是侧平线,其正面投影和水平投影都是铅垂方向的直线,而素线的侧面投影则呈放射状线束,如图 8-20(b)所示。

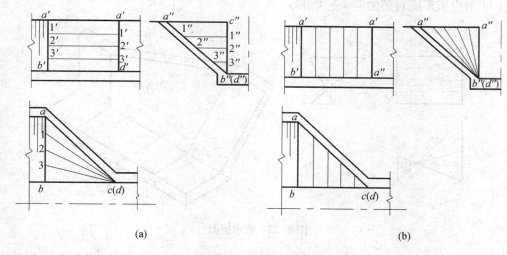

(a)   (b)

图 8-20   扭面的投影

应当注意,与平面图形不同的是,双曲抛物面的三个投影虽然都是多边形,但三个投影并不成类似形。

在水利工程图中,常称双曲抛物面为扭面。并习惯于在俯视图上画出水平素线的投影,在左视图上画出侧平素线的投影,而在正视图(剖视图)上不画素线,只写"扭面"两字代替素线,如图 8-21(a)所示。

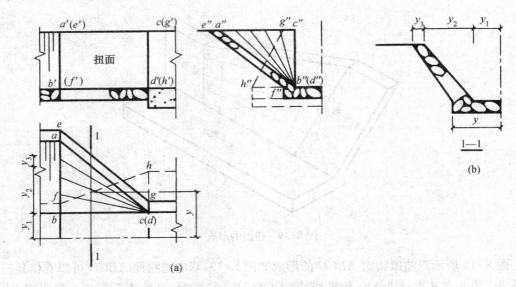

图 8-21　扭面的三视图及断面图

在工程中,这种翼墙不仅迎水面(内表面)做成扭面,其背水面(外表面)也做成扭面,如图 8-22 所示,该扭面 *EFGH* 的左端与护坡斜面连接,右端则与挡土墙斜面相连接。扭面可看作是由直母线 *EG* 沿两交叉直导线 *EF*、*GH*(均为侧平线)移动,导平面与迎水面相同(水平面)。在正视图中,该扭面与迎水扭面重合,俯视图和左视图中,导线 *EF*、*GH* 和上下边线 *EG*、*FH* 的投影形成对顶的两个三角形。

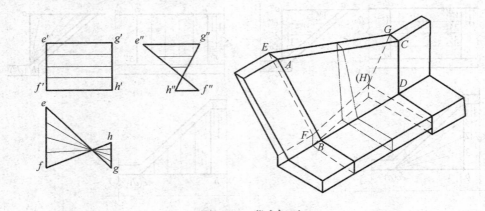

图 8-22　背水扭面

在施工时,往往还需要画出这种翼墙的断面图,如图 8-21(b)所示,用侧平面作剖切平面,断面实形反映于左视图中,剖切平面与迎、背水扭面的交线都是直线,只需求出断面上各顶点的侧面投影,然后相连即可。

8.3.4　组合面

在水利工程中,很多地方要用引水管道或隧洞。管道或隧洞的断面一般是圆形的,而安装闸门处却需要做成矩形断面。为了使水流平顺,在矩形断面和圆形断面之间,常采用渐变段来过渡,使断面逐渐变化,图 8-23 为某引水隧洞进口处一个渐变段内表面的单线图。单线图是一种只表达物体表面的大小而无厚度的图样,常用它表达建筑物某一部分的表面。渐变段的内表面不是单一的曲面,下面加以研究:

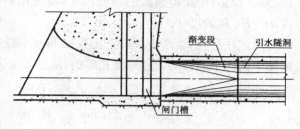

图 8-23 渐变段过渡

1. 渐变段内表面的组成

如图 8-24(b),渐变段的内表面是由四个三角形平面和四个部分斜椭圆锥面相切所组成。这种有两种或多种平面与曲面相切或相交的表面称为组合面。矩形的四个顶点分别是四个斜椭圆锥面的顶点,圆周的四段圆弧分别为四个斜椭圆锥面的底圆(导线),四段圆弧合成一个整圆。圆心 O 与四个锥顶的连线均称为斜椭圆锥面的圆心连线。

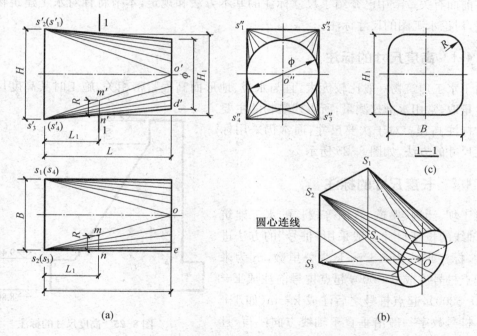

(a)

(c)

(b)

图 8-24 渐变段表面的组成

图 8-24(a)为渐变段表面的三个投影。图上除了画出其所组成的表面外,还要用细实线画出斜椭圆锥面与平面的切线的投影。切线的正面投影和水平投影均与斜椭圆锥面的圆心连线的投影重合。为了更形象地表达组合面,三个视图的锥面部分均画上了锥面素线。

2. 渐变段断面图的画法

在设计和施工中,还需要作出组合面任意位置的断面图。如图 8-24(c)中的 1—1 断面。断面图都是带圆角的矩形。断面的高度 H 和宽度 B 以及圆角半径 R 的大小是随剖切位置的不同而变化的。画断面图时,应根据剖切位置求得的高度和宽度画出矩形,再从正面投影

(或水平投影)中量得圆弧的半径尺寸,最后用圆弧连接的方法画出断面图。断面图上应标注 H、B、R 的尺寸。

应该注意,不管渐变段的正面投影和水平投影的形状、大小是否相同,在同一位置的断面图中的四个圆弧的半径总是相等的,从图 8-24(a)中可以得到关系式如下:

$$\triangle s'_3 o'd' \sim \triangle s'_3 m'n' \quad R_1/o'd' = L_1/L \quad R_1 = L_1/Lo'd'$$

$$\triangle s_2 oe \sim \triangle s_2 mm \quad R_2/oe = L_1/L \quad R_2 = L_1 oe/L$$

因为 $o'd' = \phi/2 = oe$,所以 $R_2 = R_1$。

用相似三角形的关系还可以求出断面图的高度和宽度以及剖切位置处的圆弧半径。

8.4 水工图的尺寸标注

在前面有关章节中已介绍了尺寸标注的基本方法和规定,本节将针对水工建筑物构造的特点,讨论水工图的尺寸标注。

8.4.1 高度尺寸的标注

由于水工建筑物一般比较庞大,且与水位、地形面高程紧密相关,施工时其高度尺寸不易直接量取,常用水准仪测量,所以建筑物的主要高度常标注高程。对于次要尺寸,通常仍采用标注高度尺寸的方法,如图 8-25 所示。

8.4.2 长度尺寸的标注

对于坝、涵洞、渠道、渡槽等较长的水工建筑物,沿轴线的长度尺寸一般采用"桩号"的方法进行标注,标注形式为 k±m,k 为公里数,m 为米数。起点桩号注成 0+000,起点桩号前注成 k−m(如 0−200),起点桩号之后注成 k+m(如 1+200)。桩号数字一般沿垂直于轴线方向注写,且标注在轴线的同一侧。当轴线为折线时,转折点处的桩号应重复标注,如图 8-26 所示。

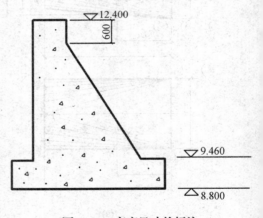

图 8-25 高度尺寸的标注

当同一图中几种建筑物均采用"桩号"标注时,可在桩号数字前加注文字以示区别,如坝 0+150,溢 0+420 等。

当平面轴线是曲线时,桩号沿径向设置,桩号数字应按弧长计算。

8.4.3 连接圆弧的尺寸标注

连接圆弧要注出圆弧所对的圆心角,使夹角的一边用箭头指到连接圆弧的切点(见图 8-27 中的 T 点),夹角的另一边不带箭头指到圆弧的另一端点(见图 8-27 中 A 点)。在指向切

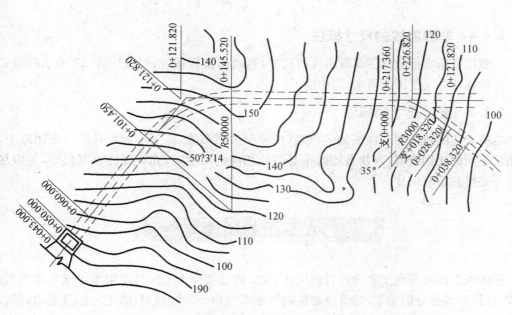

图 8-26 桩号的标注法

点的夹角边上注上半径尺寸。圆弧的圆心、切点和圆弧另一端的高程以及它们长度方向的尺寸均应注出，如图 8-27 所示。

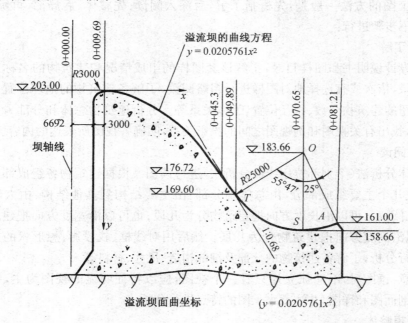

溢流坝面曲坐标

$(y = 0.0205761x^2)$

单位：m

X	0.00	1.00	2.00	3.00	5.00	10.0	15.0	20.00	25.00	30.00	35.00	40.00
Y	0.000	0.021	0.082	0.185	0.514	2.058	4.629	8.230	2.860	18.518	25.206	32.922

图 8-27 曲线及圆弧的尺寸标注

8.4.4　非圆曲线的尺寸标注

一般用直角坐标法标注非圆曲线的尺寸,当画出坐标系时,可按图 8-27 所示的形式标注。这种标注方法使图形清晰,简洁明了。

8.4.5　重复尺寸的标注

当所表达的建筑物的视图较多,难以按投影关系布置,甚至不能画在同一张图纸上,或采用了不同的比例绘制,致使看图时不易找到相应的尺寸时,允许标注重复尺寸,但应尽量减少不必要的重复尺寸。

8.5　水工图的阅读与绘制

阅读水工图就是要了解设计者的设计意图,通过阅读水工图样了解水工建筑物的名称、形式、作用和各部分的关系,要看懂建筑物的细部结构、尺寸、材料、施工方法及要求,用以指导施工或施工管理工作。

8.5.1　水工图的阅读

阅读水工图的方法一般是:先概括了解,后深入阅读;先整体,后局部,再综合想整体。具体可按以下步骤进行:

1. 概括了解

首先看设计说明书和图样目录,了解该套图样的组成情况和建筑物的名称及作用。然后按图样目录,依次或有选择地对图样进行粗略阅读,了解各建筑物的地理位置、方位、功能以及组成枢纽的建筑物个数、相互位置、工作关系等。分析建筑物总体和分部采用了哪些视图表达方法,找出有关视图和剖视图之间的投影关系,明确各视图所表达的内容。

2. 深入阅读

运用形体分析法(个别部位用线面分析法)进行读图。根据建筑物各组成部分的构造特点,把它分成几个主要组成部分,由总体到分部、由主要结构到其他结构、由大轮廓到小局部,逐步深入阅读。可以沿长度方向把建筑物分为几段;也可以沿宽度方向把建筑物分为几部分;还可以沿高度方向把建筑物分为几层。然后用对线框、找投影、想形状的方法对每一组成部分进行分析,了解各建筑物的分部及细部构造、尺寸、材料等。

应当注意:读图时,不能孤立地只看一个视图,应以特征明显的视图为主,结合其他视图、剖视图、剖面图和详图,并注意水工图的特点进行分析。

3. 综合想整体

把分析所得各组成部分的形状,对照它们之间的相互位置关系,想象出建筑物(或建筑群)的整体形状。

8.5.2　读图举例

【例 1】　阅读枢纽布置图(图 8-28～图 8-30)。

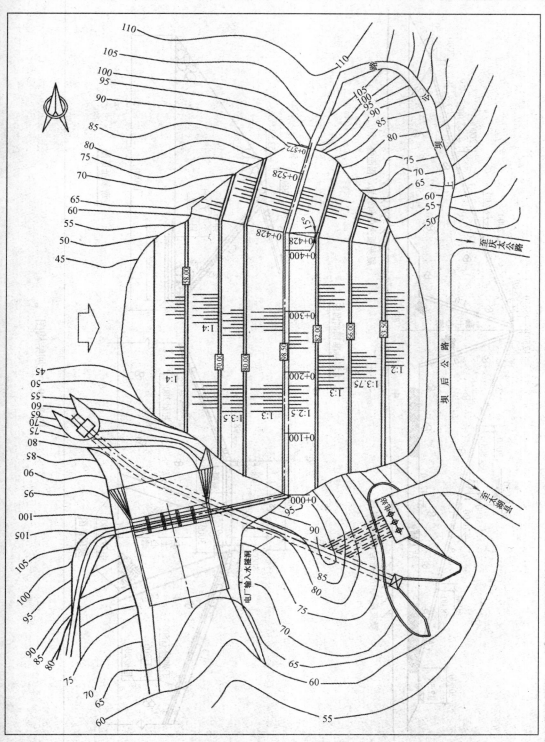

图 8-28 枢纽布置图

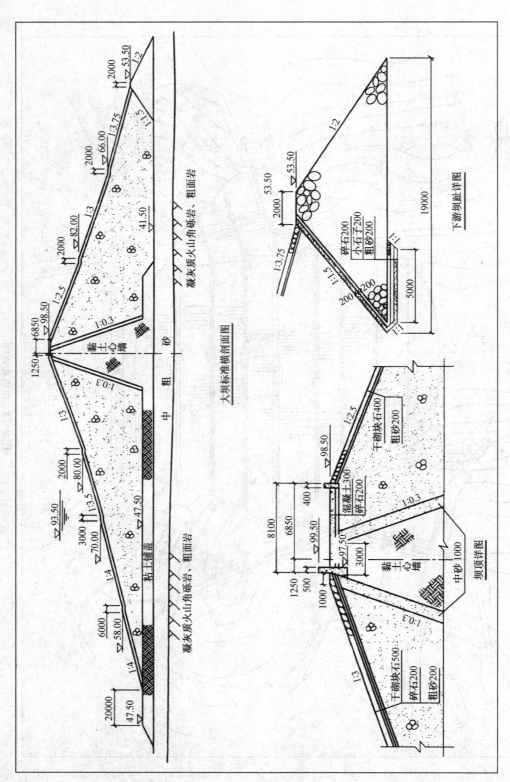

大坝标准横剖面图

下游坝趾详图

坝顶详图

图 8-29 大坝结构图

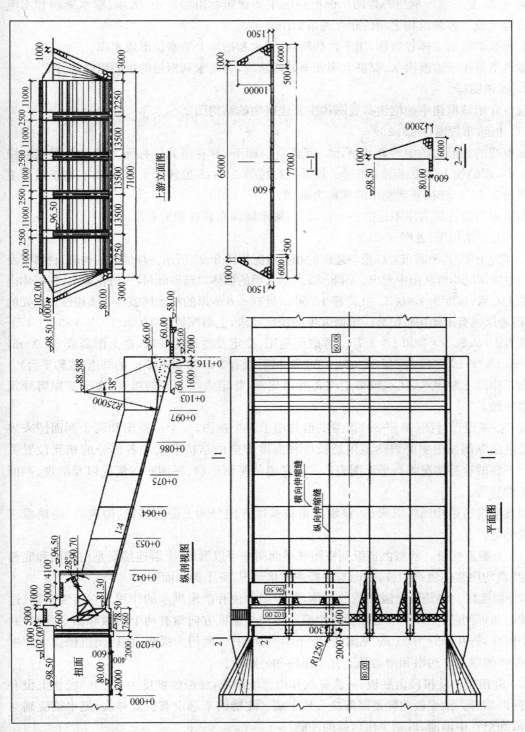

图 8-30 溢洪道设计图

1. 工程概况

图 8-28 是某水库枢纽布置图。该枢纽的主要建筑物由溢洪道、大坝、输水隧洞和水电站厂房等组成。各建筑物之间的相互关系如图所示。

大坝是工程的主体建筑物,用于拦截河流、蓄水和抬高上游水位形成水库。

溢洪道是用于渲泄洪水、保证大坝安全的建筑物,它是水利枢纽的主要组成部分之一。

2. 阅读图样

现仅介绍该枢纽中的枢纽布置图和主要建筑物的结构图。

(1)枢纽布置图(图 8-28)

该枢纽的地形如图中等高线所示。河流自上而下,并有指北针标明方位。大坝主轴线南北走向,坝轴线上各段标明了桩号。坝轴线在桩号 0+428 处转折了一个方向,转折段与主轴线夹角为 15°。转折处到左岸的坝称为副坝。

溢洪道布置在离右岸不远的一个垭口上;输水隧洞布置在坝的右岸。

(2)大坝结构图(见图 8-29)

大坝为土坝,其平面布置以及与地面的相交情况如图 8-32 所示。坝体内的构造、材料以及坝基的地质情况均可从图中看出。图 8-32 所示大坝的坝体填筑砂砾料,为防止漏水,在坝体内筑有黏土心墙,坡度为 1∶0.3。在高程 47.50 m 处有一 6 m 厚的粘土铺盖与心墙相连。坝壳的上、下游表层铺有干砌块石护坡。根据大坝的稳定要求,上游坝坡为 1∶3、1∶3.5 和 1∶4,下游坝坡为 1∶2.5、1∶3 和 1∶3.75。考虑到施工、稳定及管理的要求,在上游高程 80.00 m、70.00 m、58.00 m 及下游高程 82.00 m、66.00 m 处设有 2 m、3 m 和 6 m 的马道(或称平台)。

为了排除上游渗水,又不致带走坝壳的风化物,稳定大坝下游的坝趾,在下游坝脚处筑有滤水坝趾。

(3)溢洪道设计图(图 8-30)该溢洪道共用了两个视图、一个剖视图和两个剖面图来表达。溢洪道纵剖视图主要表达溢洪道长度和高度方向的结构形状和各部分的相互位置关系,上、下游的连接情况等。平面图表达了溢洪道的平面形状、平面布置情况以及剖视、剖面的剖切位置等。

阅读溢洪道结构图可以看出,该溢洪道按长度方向分为上游连接段、溢流段、陡槽段三个组成部分。

(1)上游连接段。从溢洪道纵剖视图和平面图中可以看出,上游连接段是由扭面和底板组成,两者均用浆砌块石护坡,扭面与底板的连接情况,见上游立面图。

(2)溢流段。溢流段是溢洪道的主体,起控制水位和渲泄洪水的作用。它由溢流堰、边墩、闸墩、弧形闸门、工作桥和公路桥等组成。坝段在宽度方向筑有两个边墩和四个闸墩,共有五个闸孔,每孔净宽为 11 m(见图 8-30 上游立面图)。闸门为弧形,由启闭机操作,用"牛腿"支撑在闸墩上。边墩和闸墩顶上有工作桥和公路桥。

(3)陡槽段。陡槽段由底板、挑流鼻坎和挡土墙组成,底板的坡度为 1∶4。底板上设有纵、横向伸缩缝。槽底板两侧是浆砌块石挡土墙。陡槽的末端设有挑流鼻坎,把水挑流到空中,分散到空气中消能,以减少出口处的冲刷。

把溢洪道各段联系起来即可想象出整个建筑物的形状。

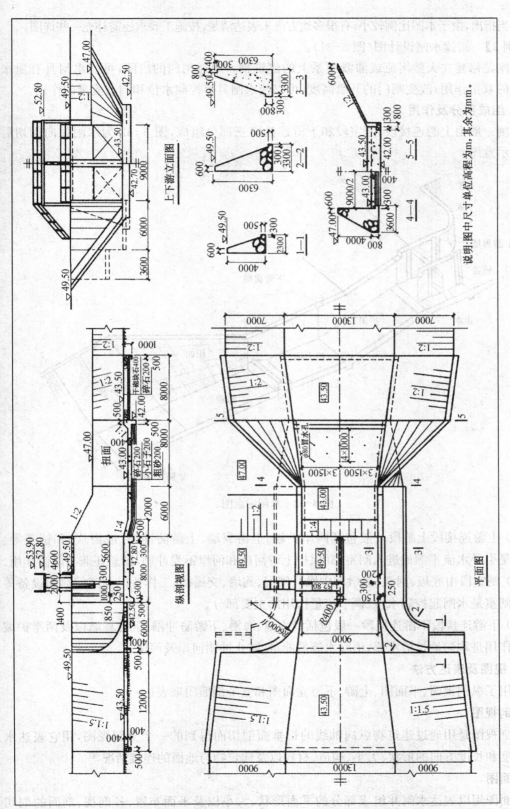

图 8-31 水闸设计图

应当指出,由于本图比例较小,有很多地方尚未表达清楚,按施工要求还需补充一些详图。

【例2】 阅读水闸设计图(图8-31)。

水闸是修建在天然河流或灌溉渠系上的建筑物。通过闸门的启闭,可使水闸具有泄水和拦水的双重作用;改变闸门的开启高度,可以使水闸具有控制水位和调节流量的作用。

1. 组成部分及作用

水闸一般由上游连接段、闸室段和下游连接段三部分组成,图8-32为水闸纵向剖切后的立体示意图。

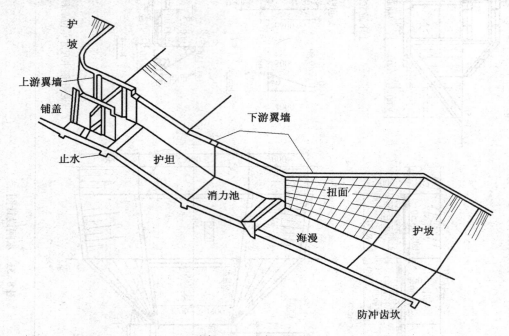

图8-32　水闸示意图

(1)上游连接段上游段一般包括两岸护坡、上游翼墙、上游防冲槽(或齿坎)和铺盖等。其作用是引导水流平顺地进入闸室,并保护上游河床和河岸不受冲刷,铺盖还兼有防渗作用。

(2)闸室段由底板、闸墩(边墩和中墩)、闸门、胸墙、交通桥、工作桥以及闸门启闭设备等组成。闸室是水闸起控制水位、调节流量作用的主要部分。

(3)下游连接段下游连接段一般包括消力池、海漫、下游防冲槽、下游翼墙以及两岸护坡等。其作用是均匀地扩散水流,消除水流的能量,防止冲刷河岸及河床。

2. 视图及表达方法

采用了纵剖视图、平面图、上游、下游立面图和五个剖面图来表达。

纵剖视图

纵剖视图是用通过建筑物纵向轴线的铅垂面剖切而得到的一个全剖视图,用它表达水闸的高度和长度方向的形状、大小、构造、材料以及建筑物与地面的连接情况等。

平面图

平面图用以表达水闸并组成部分的平面形状、大小以及平面布置、各剖视、剖面的剖切位置和视向等。由于水闸左右对称,图中一半采用了掀土画法。

上、下游立面图

上、下游立面图是连两个视向相反的视图,因为它们图形对称,所以采用各画一半的合成视图的表达方法。主要表示梯形河道剖面及水闸上游面和下游面的结构布置情况。

剖面图采用五个剖面图来表达上、下游翼墙的断面形状、尺寸和材料。

经过对图样的仔细阅读和分析,就可以想象出水闸的空间整体结构形状,如图 8-32 所示。

8.5.3 水工图的绘制

绘制水工图的一般步骤如下:

(1) 根据设计资料,确定表达内容;

(2) 确定恰当的比例,按投影关系合理布置视图;

(3) 先画主要部分视图,后画次要部分视图;

(4) 画出各视图的轴线、中心线;

(5) 先画大轮廓线,后画细部;

(6) 标注尺寸,写文字说明;

(7) 按制图规范加深图线。

土木工程图学

参 考 文 献

[1] 朱育万. 画法几何及土木工程制图[M]. 北京:机械工业出版社,2001.
[2] 齐明超,等. 画法几何及土木工程制图[M]. 北京:机械工业出版社,2009.
[3] 蒋红英,等. 土木工程制图[M]. 北京:中国建筑工业出版社,2006.
[4] 陈倩华,等. 土木建筑工程制图[M]. 北京:清华大学出版社,2011.
[5] 乐荷卿. 土木建筑制图[M]. 4版. 武汉:武汉工业大学出版社,2003.
[6] 张裕媛,等. 画法几何与土木工程制图[M]. 北京:清华大学出版社,2012.
[7] 殷佩生,等. 画法几何及水利工程制图[M]. 北京:高等教育出版社,2006.
[8] 郑国权. 道路工程制图[M]. 北京:人民交通出版社,1993.